Über die Reduktion der o-Diäthylbenzylamincarbonsäure und der o-Oxymethylbenzoësäure.

Inaugural-Dissertation
zur
Erlangung der Doktorwürde
der
Hohen philosophischen Fakultät
der
Kgl. bayer. Ludwig-Maximilians-Universität zu München
vorgelegt von

Josef Brantl
aus Cham i. W. (Oberpfalz).

München
Druck von Val. Höfling, Kapellenstrasse Nr. 3
1898.

Meinen teueren Eltern
in Dankbarkeit gewidmet.

Vorliegende Arbeit wurde im Laboratorium der Kgl. Akademie der Wissenschaften zu München auf Veranlassung und unter persönlicher Leitung des Herrn Prof. Dr. Einhorn unternommen.

Es sei mir an dieser Stelle gestattet, meinem hochverehrten Lehrer Herrn Geheimrat Prof. Dr. v. Baeyer, sowie Herrn Prof. Dr. Einhorn für die Unterstützung, die sie stets meinen Arbeiten schenkten, meinen aufrichtigsten Dank auszusprechen.

Theoretischer Teil.

Durch die Untersuchungen von A. Einhorn wurde gefunden, dass die stickstoffhaltigen Spaltungsprodukte des Cocaïns und Atropins in engen Beziehungen zu einander stehen.

A. Einhorn[1]) hat nämlich durch Abspaltung von Kohlensäure aus dem Anhydroecgonin dasselbe in Tropidin übergeführt, welches Ladenburg[2]) in Tropin umgewandelt hat, indem er Bromwasserstoffsäure auf das Tropidin einwirken liess und das bromhaltige Produkt mit Silberoxyd behandelte, wobei Brom gegen Hydroxyl ausgetauscht wird. Nach Merling geschieht die Überführung von Tropidin in Tropin durch Erwärmen mit Alkali.[3])

Während umgekehrt ein synthetischer Übergang vom Tropin zum Ecgonin, resp. Anhydroecgonin, den Spaltungsprodukten des Cocaïns, bisher noch nicht ermöglicht war, gelang es Willstätter[4]), aus dem Tropinon, dem Keton des Tropins, auf dem Wege der Blausäureanlagerung, Verbindungen zu erhalten, welche zwar nicht die Spaltungsprodukte des Cocaïns selbst sind, sondern Isomere desselben und für welche Willstätter die Bezeichnung α-Ecgonin und α-Cocaïn vorgeschlagen hat. Ferner wurden noch verwandtschaftliche Beziehungen zwischen Ecgonin und Tropin von C. Liebermann[5]) bei der eingehenden Untersuchung der Oxydationsprodukte beider Verbindungen aufgefunden. Liebermann zeigte, dass bei der Oxydation von Ecgonin mit Chromsäure Tropinsäure entsteht und sich dieselbe von dem Oxydationsprodukt des Tropins nur durch ihr

1) Ber. 23, 1338.

2) Ber. 23, 1780 u. 2225.

3) Patentanmeldung: Meister, Lucius u. Brüning, Höchst a. M , 23. Sept. 1891.

4) Ber. 29, 2216.

5) Ber. 23, 2518 u. 24, 606.

verschiedenes Verhalten unterscheidet und dass bei der Oxydation von Ecgonin wie von Tropin eine Säure von derselben Zusammensetzung $C_7H_{11}NO_3$ gebildet wird, welche von ihm Ecgoninsäure genannt wurde.

Merling hat auf Grund eingehender Untersuchungen [1]) für das Tropidin und Tropin die folgenden Konstitutionsformeln aufgestellt:

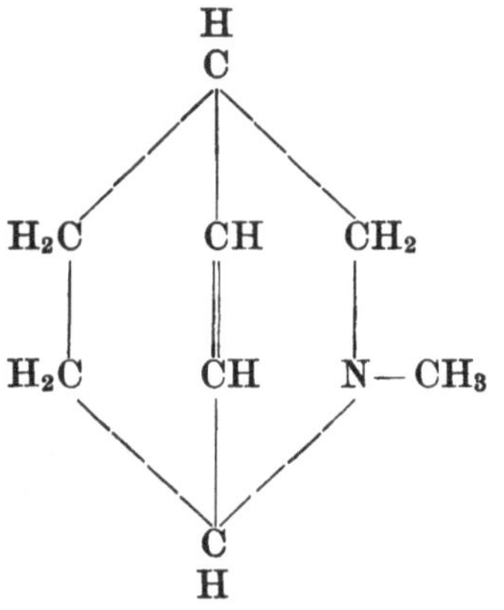

Tropidin

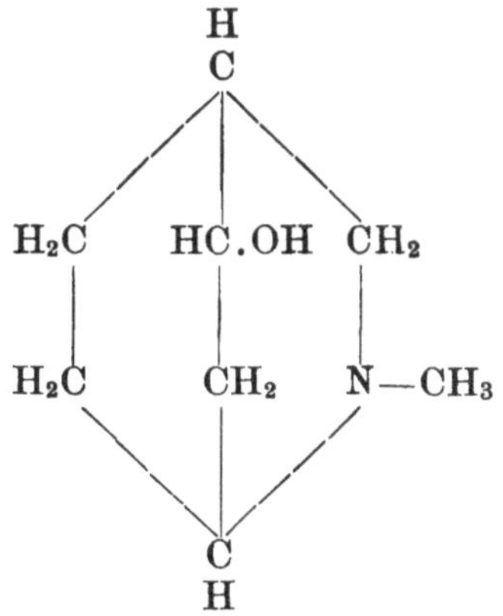

Tropin

und unter Zugrundelegung dieser Formeln des Tropidins und Tropins bezeichete Merling das Methyltropin als ein Derivat des Benzylamins, nämlich als Δ^3- Oxytetrahydrobenzyldimethylamin

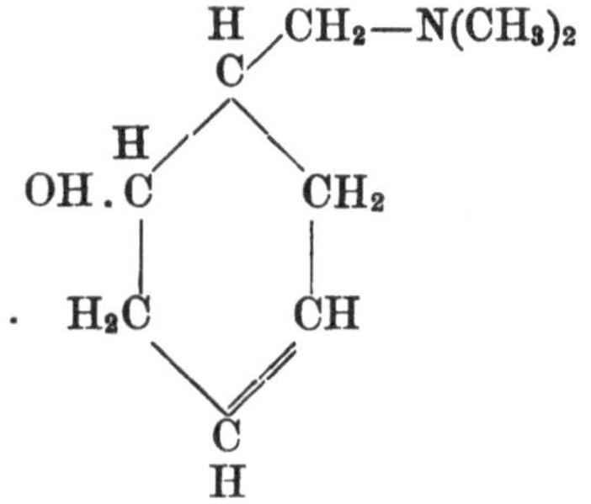

und das α-Methyltropidin, welches Merling aus dem Tropidinammoniumoxydhydrat beim Kochen in verdünnter wässeriger Lösung erhalten hat, als $\Delta^{3,5}$-Dihydrobenzyldimethylamin

1) Ber. 24, 3108.

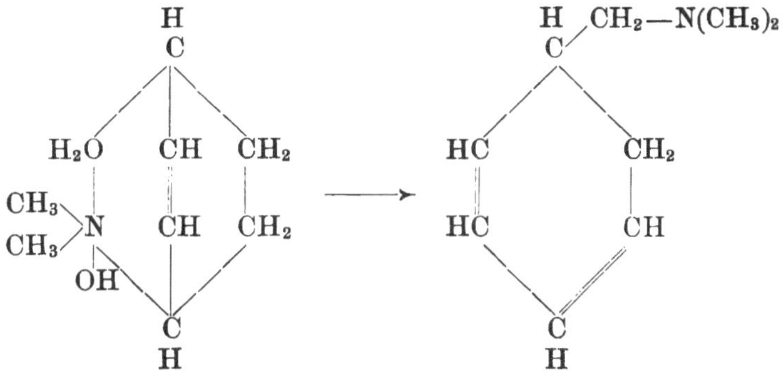

Einhorn und Tahara gelangten bei der Einwirkung von Alkali auf das Anhydroecgoninesterjodmethylat zu einer stickstofffreien Säure, der $\Delta^{2,6}$-p-Methylendihydrobenzoësäure. Es ist wahrscheinlich, dass bei dieser komplizierten Reaktion als Zwischenprodukt die p-Dimethyldihydrobenzylamincarbonsäure auftritt, eine Annahme, die um so begründeter erscheint, als es Willstätter[1]) gelungen ist, aus dem Ester des Jodmethylats des Hydrierirungsproduktes des Anhydroecgonins, dem Hydrecgoninesterjodmethylat, beim Behandeln mit Alkali in wässeriger Lösung als Spaltungsprodukt, den p-Tetrahydrobenzylamincarbonsäureäthylester zu isolieren, dem er auf Grund der von Einhorn und Tahara aufgestellten Ecgoninformel folgende Konstitution gab:

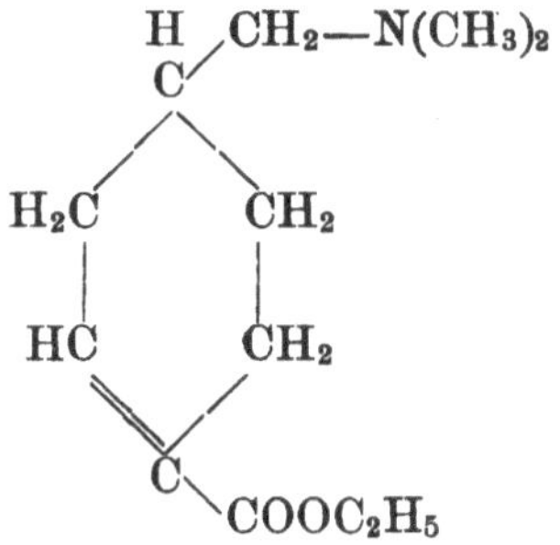

Ferner hat Willstätter[2]) beim Destillieren der konzentrierten, wässerigen Lösung des Hydrotropidinmethylammoniumoxydhydrats eine ungesättigte Base, das Methylhydrotropidin, erhalten und sie als ein Tetrahydrobenzyldimethylamin bezeichnet von folgender Konstitution:

1) Ber. 30, 705.
2) Ber. 30, 721.

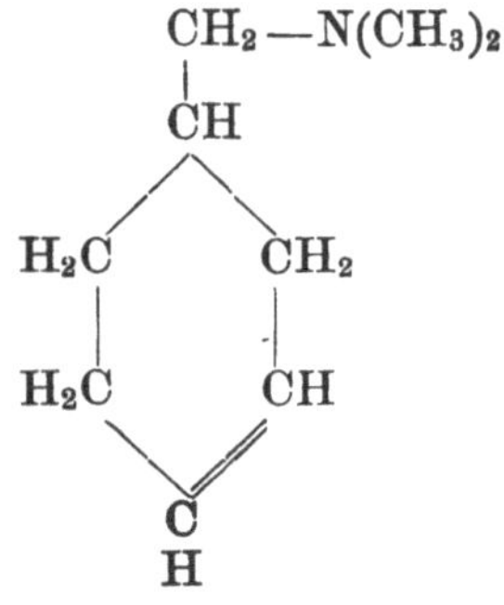

Das Methylhydrotropidin korrespondiert gemäss seiner Bildung mit dem α-Methyltropidin Merlings.

Seitdem man nun auf die nahen Beziehungen, welche zwischen gewissen hydrierten Benzylamincarbonsäuren und Benzylaminen und dem Ecgonin resp. Tropidin zu bestehen scheinen, aufmerksam geworden ist, hat es nicht an Bemühungen gefehlt, direkt aus dem Benzylamin und seinen Derivaten Reduktionsprodukte darzustellen.

P. Friedländer und M. Mosczyc[1]) haben zuerst versucht, angesichts der Leichtigkeit, mit welcher eine ganze Anzahl aromat. Carbonsäuren mit Natriumamalgam in Di-, Tetra- und Hexahydroderivate übergeführt werden, die alkylierten p-Benzylamincarbonsäuren zu hydrieren. Dabei fanden sie, dass bei der Einwirkung von Natriumamalgam schon bei gewöhnlicher Temperatur eine Spaltung in Dimethylamin und p-Toluylsäure erfolgte. Sie schrieben diese auffallend leichte Spaltbarkeit der Anwesenheit der Carboxylgruppe zu. Eine analoge Spaltung konnte ich ebenfalls bei der Reduktion der o-Diäthylbenzylamincarbonsäure mit Natriumamalgam beobachten. Dieselbe Erscheinung wurde auch bei den Pyridincarbonsäuren beobachtet, als mit Natriumamalgam in wässeriger, alkalischer Lösung gearbeitet wurde, wodurch eine Aufspaltung des Pyridinkernes unter Elimination des Stickstoffes erfolgte. So entstand aus der α-Pyridinmonocarbonsäure oder Picolinsäure nach den Untersuchungen von Weidel[2]) bei der Einwirkung von Natriumamalgam unter Ammoniakabspaltung eine stickstofffreie Säure von der Zusammensetzung $C_6H_8O_3$, aus der β-Pyridincarbonsäure — der Nicotinsäure — ebenfallls unter Ammoniakabspaltung dieselbe stickstofffreie Säure; die Cinchomeronsäure zerfiel in Ammoniak und Cinchonsäure[3]), während bei der Behandlung mit

1) Ber. 28, 1140.

2) Ber. 12, 2001.

3) Weidel, Monatshefte d. Chemie 1882, 603.

Natrium in äthylalkoholischer oder amylalkoholischer Lösung Pyridinmonocarbonsäuren und Chinolincarbonsäuren glatt in die Hexahydroverbindungen übergeführt werden können.

Es war mit Rücksicht auf weitere Synthesen in der Atropin- und Cocaïnreihe von Interesse, die isomeren Benzylamincarbonsäuren und deren Amido- resp. Oxyverbindungen systematisch auf ihre Hydrierungsfähigkeit zu untersuchen und zu prüfen, ob sich von Derivaten der zu erwartenden hydrierten Säure nicht Übergänge in die Atropin- oder Cocaïnreihe finden liessen.

Auf Anregung von Herrn Prof. Einhorn unternahm ich daher die Reduktion der o-Benzylamincarbonsäure und zwar zunächst der diäthylierten, nachdem es Herrn Prof. Einhorn kurz zuvor gelungen war, die p-Diäthylbenzylamincarbonsäure mittels Natrium in amylalkoholischer Lösung in die Hexahydroverbindung überzuführen.[1])

Da bei der Hydrierung der o-Diäthylbenzylamincarbonsäure die Ausbeuten an Hydrierungsprodukten viel zu wünschen übrig liessen, musste der ursprüngliche Plan, die hydrierte m-oxy-o-Diäthylbenzylamincarbonsäure darzustellen und zu versuchen, Alkohol aus derselben abzuspalten, wobei eine der Hydrotropidincarbonsäure homologe Verbindung hätte entstehen können, aufgegeben werden.

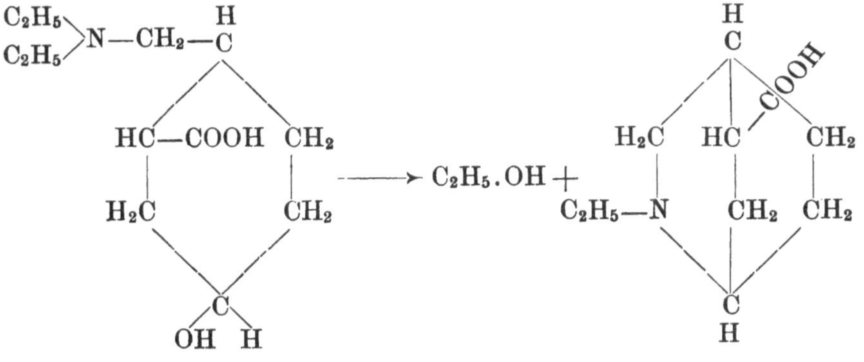

Die o-Diäthylbenzylamincarbonsäure war bisher noch nicht dargestellt worden.

Gabriel und Otto[2]) haben aus dem o-Tolunitril durch Einführung von Chlor in die Seitenkette und Verseifung des Nitrils mit konz. H_2SO_4 das o-Chlormethylbenzamid erhalten.

1) Ber. 29, 1590.
2) Ber. 20, 2222 u. 2234.

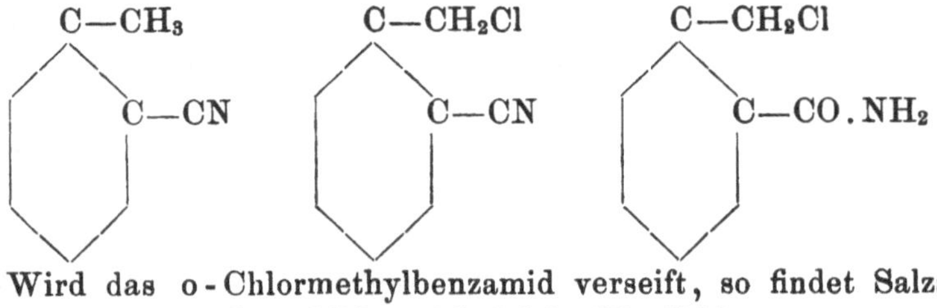

Wird das o-Chlormethylbenzamid verseift, so findet Salzsäureabspaltung statt und es bildet sich leicht Phtalid [1])

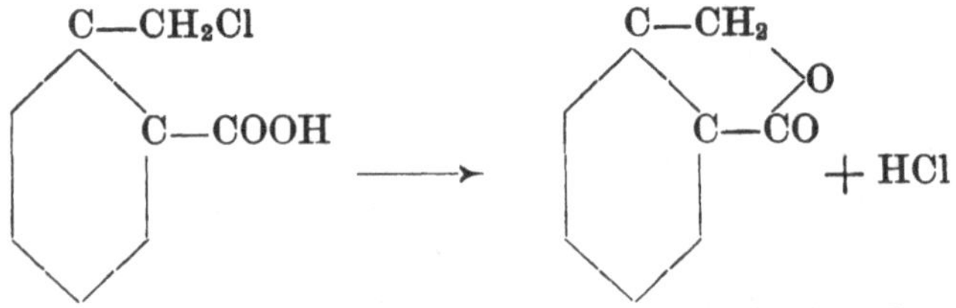

Es war somit notwendig geworden, die Substitution des Clatoms durch den Diäthylaminrest zuerst auszuführen und alsdann das gebildete o-Diäthylbenzylamincarbonsäureamid zur o-Diäthylbenzylamincarbonsäure zu verseifen. Die Reaktionen verlaufen entsprechend folgendem Schema:

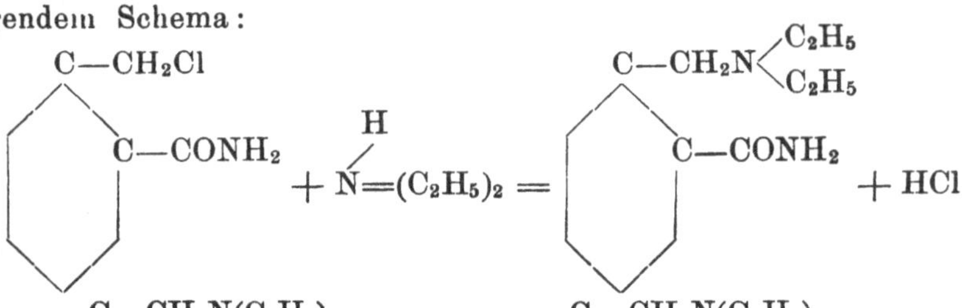

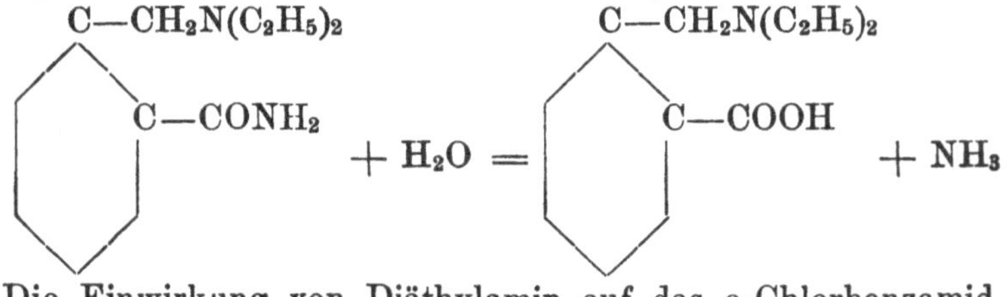

Die Einwirkung von Diäthylamin auf das o-Chlorbenzamid, wie auch die Verseifung des diäthylierten Säureamids geht sehr glatt von statten und zeigt sich die gebildete o-Diäthylbenzylamincarbonsäure von sehr grosser Beständigkeit.

Die Reduktion der o-Diäthylbenzylamincarbonsäure mit metall. Natrium in äthylalkoholischer Lösung führte weder zu Hydrierungsprodukten, noch konnten Spaltungsprodukte, wie sie sich bei der Re-

1) Gabriel, Ber. 20, 2234.

duktion mit Natriumamalgam zeigen, nachgewiesen werden. Erst als bei höherer Temperatur, nämlich bei der des siedenden Amylalkohols, der Hydrierungsprozess ausgeführt wurde, fand Hydrierung statt und zwar wurden zwei Hexahydrobenzylamincarbonsäuren erhalten. Zur Isolierung wurde die amylalkoholische Flüssigkeit mit Wasser durchgeschüttelt, der Amylalkohol von der wässerigen Lösung abgehoben, letztere mit Salzsäure angesäuert, eingedunstet und der Rückstand mit absolut. Alkohol extrahiert; beim Verdunsten des Lösungsmittels hinterbleibt das nicht krystallisierende salzsaure Salz, aus welchem nach dem Behandeln mit Silberoxyd und Fällung des Silbers mit Schwefelwasserstoff eine Hexahydro-o-diäthylbenzylamincarbonsäure gewonnen werden konnte, welche sich in Alkalien löst. Aus dem von der alkalisch, wässerigen Flüssigkeit abgehobenen Amylalkohol liess sich durch Extraktion mit verd. Salzsäure eine weitere hydrierte Benzylamincarbonsäure isolieren, welche sich nach dem Eindunsten der sauren Flüssigkeit in Form des salzsauren Salzes abscheidet und auf Zusatz von Alkali ein basisches, unangenehm riechendes Öl liefert.

Die erstere Säure, welche sich in Alkalien leicht löst, bezeichne ich als die Trans-Hexahydro-o-diäthylbenzylamincarbonsäure und die Isomere als die cis-Verbindung. Letzterer darf wegen ihres Verhaltens gegen Alkali und des Fehlens saurer Eigenschaften mehr wohl eine betaïnartige Konstitution zugeschrieben werden, analog der von Claus[1]) Roser[2]) und Hautzsch[3]) in der Chinolin- und Pyridinreihe beobachteten Säurebetaïnen.

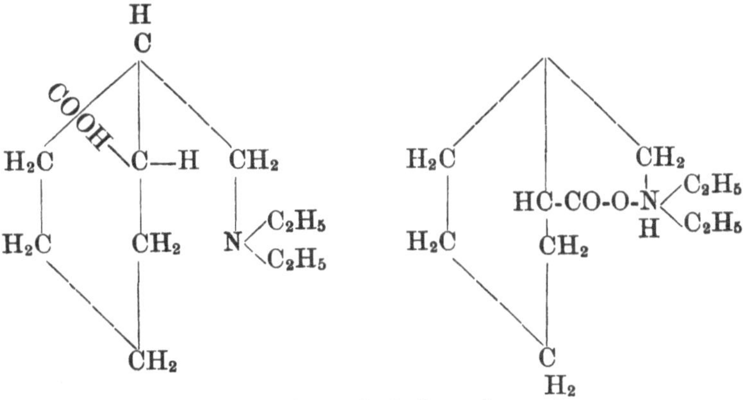

trans- Hexahydro-o-diäthylbenzyl- cis
aminearbonsäure.

1) Ber. 18, 362 u. 1305.
2) Ber. 19, 31.
3) Annal. d. Chem. 234, 116.

Durch Kochen der trans-Verbindung mit amylalkoholischem Kali lässt sich dieselbe in die cis-Verbindung überführen.

Ausser diesen beiden Nhaltigen Hydrierungsprodukten konnten aus dem alkalisch wässerigen Auszug nach dem Ansäuern mit verdünnter HCl und Ausäthern, aus dem ätherischen Extrakte drei stickstofffreie Säuren abgeschieden werden: die o-Oxymethylbenzoësäure, die Hexahydro-o-toluylsäure und eine Dicarbonsäure, die Hexahydrophtalsäure und zwar in ihrer fumaroiden Form.

Die Bildung der Nfreien, hydrierten Säuren findet am besten ihre Erklärung darin, dass die cis-Hexahydro-o-diäthylbenzylamincarbonsäure Diäthylamin verliert und das hydrierte Phtalid bilden dürfte, welches durch Wasserstoffaddition Hydrotoluylsäure, durch Alkali die Hexahydroalkoholsäure liefert, welch letztere ebenfalls zur Hexahydrotoluylsäure reduziert werden kann.

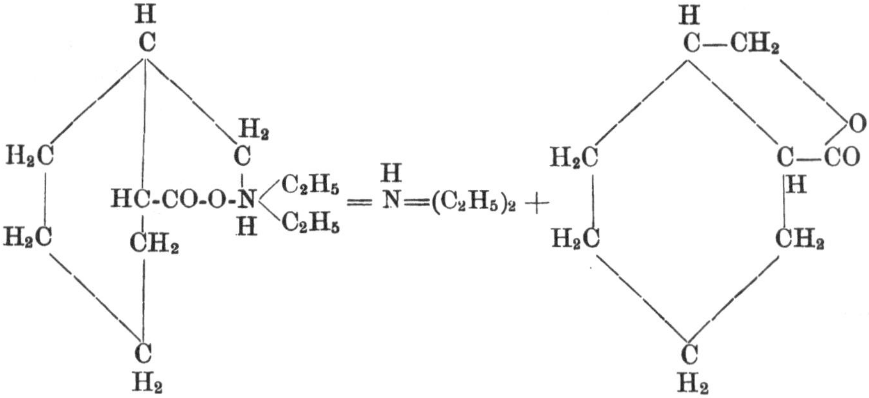

$$C_6H_{10}\left\langle\begin{matrix}CH_2\\CO\end{matrix}\right\rangle O + Na(OH) = C_6H_{10}\left\langle\begin{matrix}CH_2 . OH\\COONa\end{matrix}\right.$$

$$C_6H_{10}\left\langle\begin{matrix}CH_2 . OH\\COONa\end{matrix}\right. + 2H = C_6H_{10}\left\langle\begin{matrix}CH_3\\COONa\end{matrix}\right. + H_2O.$$

Wird die Reduktion nicht rasch genug ausgeführt und ist infolge dessen die Einwirkung von amylalkoholischem Kali eine längere, so werden die Ausbeuten an Nhaltigen Reduktionsprodukten bedeutend herabgesetzt, während die der Nebenprodukte zunehmen.

Höchst merkwürdig erscheint bei diesem so energischen Reduktionsvorgang das Auftreten eines Oxydationsproduktes der hydrierten Alkoholsäure, nämlich der Hexahydrophtalsäure, welche jedenfalls durch die Einwirkung des Luftsauerstoffes sich gebildet haben mag und einer Nebenreaktion ihre Entstehung verdanken dürfte. — Ein analoger Oxydationsvorgang wäre vielleicht in der Bildung von Valeriansäure zu suchen, welche stets in grösserer Menge bei jeder Reduktion mit Natrium in amylalkoholischer Lösung auftritt; allerdings führte längeres Kochen von Hexahydro-o-oxymethylbenzoësäure mit Natriumamylat nicht zur Dicarbonsäure.

Bei der Reduktion der p-Diäthylbenzylamincarbonsäure konnten von Herrn Papastavros, welcher sich mit dem Studium der Reduktionsprodukte derselben beschäftigt hatte, ähnliche stickstofffreie Spaltungsprodukte nicht nachgewiesen werden, es wurden hier fast quantitativ die hydrierten Benzylamincarbonsäuren gewonnen und zwar mehr cis-Säure, wenn die Reduktion längere Zeit in Anspruch nahm.

Die geringen Ausbeuten, welche an hydrierten o-Diäthylbenzylamincarbonsäuren erhalten wurden und eine ausgedehntere Untersuchung nicht ermöglichten, veranlassten mich, ihr stickstofffreies Spaltungsprodukt, die o-Oxymethylhexahydrobenzoësäure, eingehender zu studieren. Die Säure lässt sich direkt aus dem Phtalid durch Hydrierung mittels metallischem Natrium in amylalkoholischer Lösung allerdings auch nur in einer Ausbeute von 15 % gewinnen, während der grösste Teil des Phtalids in Hexahydro-o-toluylsäure übergeführt wird. Bei der Reduktion wird das Phtalid zunächst unter dem Einfluss des amylalkoholischen Natriums in das Natriumsalz der γ-Oxymethylbenzoësäure übergeführt, welche 6 Wasserstoffatome addiert und dieselbe Hexahydroverbindung liefert, welche bei der Reduktion der Diäthylbenzylamincarbonsäure als Nebenprodukt isoliert worden ist. Schon beim Erhitzen über den Schmelzpunkt anhydrisiert sich die freie Säure und geht in das Lacton Hexahydrophtalid über, welches wie die aromatische Muttersubstanz, das Phtalid, beim längeren Stehen mit Wasser, rascher beim Kochen mit Natronlauge Wasser aufnimmt und wieder in die Säure resp. deren Salz übergeht.

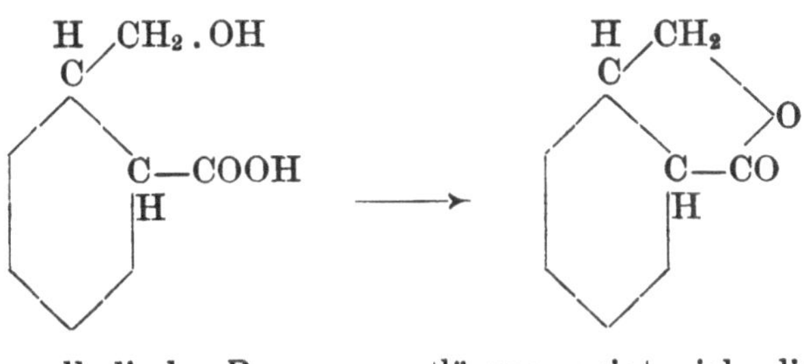

Gegen alkalische Permanganatlösung zeigt sich die Säure beständig und ist somit eine gesättigte Verbindung. Das Verhalten gegen kalte, verdünnte Sodalösung, welche das Lacton erst nach längerem Stehen in die zugehörige Säure überführt, gab eine bequeme Methode zur Trennung desselben von den übrigen Reduktionsprodukten, welche sich in Sodalösung rascher lösen. Äthert man eine solche frisch dargestellte Sodalösung aus, so geht das mit dem Natriumcarbonat langsamer reagierende Lacton in den Äther, während die anderen hydrierten Säuren als Natriumsalze in der wässerigen Lösung zurückbleiben.

Bei der Oxydation der Hexahydro-o-Oxymethylbenzoësäure mit alkalischem Permanganat oder mit Chromsäure und Eisessig entsteht die Hexahydrophtalsäure und zwar in der cis-trans oder, wie sie v. Baeyer nannte, fumaroiden Form. Sie lieferte mit Acetylchlorid dasselbe Anhydrid vom Schmp. 140°, welches v. Baeyer aus seiner fumaroïden Hexahydrophtalsäure erhalten hat.

Nach der Theorie von A. v. Baeyer sind 2 geometrisch isomere Hexahydrophtalsäuren möglich und beruht diese Isomerie auf den räumlichen Vorstellungen von van't Hoff über die Bindung der C-Atome. Verursacht ist die geometr. Isomerie durch die verschiedene Stellung der Carboxyle in Bezug auf die Ebene des Hexamethylenringes. v. Baeyer hat die 2 möglich geometrischen Isomeren dargestellt und dieselben mit der Fumar- und Maleïnsäure in Beziehung gebracht. Bei der Maleïnsäure — der cis-Form — ist bekanntlich die Stellung der Carboxylgruppen eine korrespondierende, bei der Fumarsäure — der trans-Form — stehen die Carboxyle auf verschiedenen Seiten der Doppelbindung

```
H—C—COOH            H—C—COOH
  ‖                    ‖
H—C—COOH         COOH—CH
 Maleïnsäure        Fumarsäure
    cis-      Form     trans-
```

Der ersteren entspricht nun eine leicht lösliche und gegen Salzsäure unbeständige Hexahydrophtalsäure, welche v. Baeyer infolge der leichten Anhydridbildung als die maleïnoide oder Γ^{cis}-Säure bezeichnet hat. Der Fumarsäure entspricht ebenfalls eine Hexahydrophtalsäure, deren Anhydridbildung weniger leicht erfolgt und die v. Baeyer als die fumaroide oder $\Gamma^{cis\text{-}trans}$-Form bezeichnete. Die bei der fumaroiden Säure mit Acetylchlorid stattfindende Anhydridbildung erklärt v. Baeyer dadurch, dass eine Drehung der C-Atome im Hexamethylenring stattfindet und dadurch die Carboxyle in einer korrespondierenden Stellung bringt. Die fumaroide Säure wurde zuerst von v. Baeyer aus der durch Erhitzen von Hydropyromellithsäure erhaltenen Δ^1-Tetrahydrophtalsäure[1]) bei der Einwirkung von Jodwasserstoff dargestellt.

Ferner aus der Δ^2-Tetrahydrophtalsäure durch Überführung derselben mittels Bromwasserstoff in die Monobromhexahydrosäure und Reduktion der letzteren mit Natriumamalgam.

Die geometrische Isomerie, welche zuerst bei den hydrierten Benzoldicarbonsäuren bekannt wurde, muss sich auf Grund der v. Baeyer'schen Theorie auch auf die Derivate derselben übertragen lassen, und mussten auch bei der o-Oxymethylhexahydrobenzoësäure theoretisch 2 Isomere möglich sein.

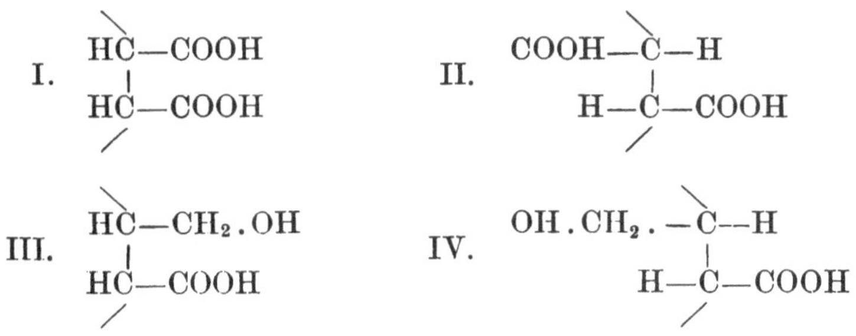

Vergleicht man die Formel I mit Formel II, die Formel II mit Formel IV, so unterscheiden sie sich nur dadurch, dass statt der Carboxylgruppen eine Oxymethylgruppe vorhanden ist.

Aus der Hexahydro-o-oxymethylbenzoësäure entsteht durch Oxydation die fumaroide Form der Dicarbonsäure, nämlich die trans-Hexahydrophtalsäure, es muss demnach in der ersteren auch die trans-Hexahydro-o-oxymethylbenzoësäure vorliegen, deren Konstitution der Formel IV entspricht. Der cis-Form, die der Formel III entsprechen würde, bin ich nicht begegnet, was nicht zu verwundern ist, da die cis-Hexahydro-o-oxymethylbenzoësäure, wenn sie überhaupt existieren würde, doch eine sehr labile Verbindung darstellen würde, welche voraussichtlich ausserordentlich leicht in das zugehörige Lacton, das Hexahydrophtalid, übergeht.

G. Cimician und P. Silber[2]) haben in allerjüngster Zeit aus den höher siedenden Bestandteilen des Selleriesamendestillates zwei Säuren isoliert, die Sedanon- und die Sedanolsäure, und für die beiden Säuren folgende Konstitutionsformel aufgestellt:

1) Ber. 4, 275.

2) Ber. 30, 492.

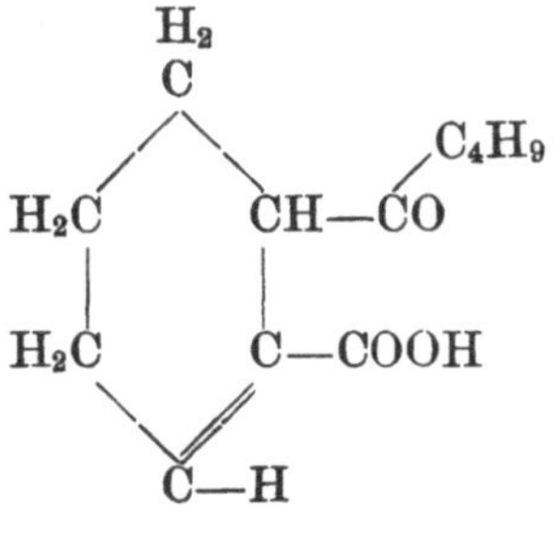

Sedanonsäure

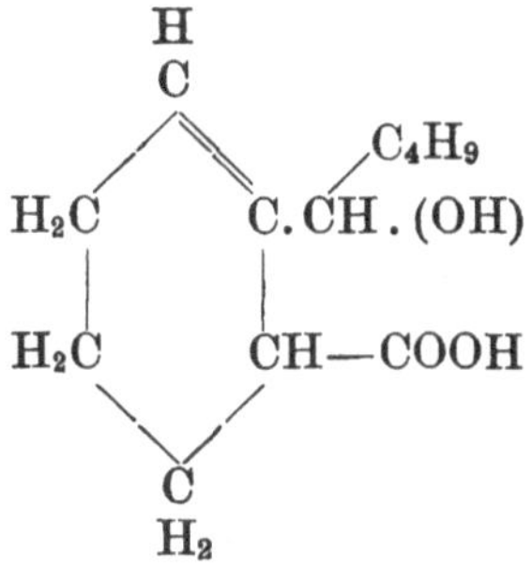

Sedanolsäure.

Erstere haben sie als eine o-Valeryl-Δ^1-tetrahydrobenzoësäure aufgefasst, die zweite sprachen sie als eine ungesättigte Alkoholsäure, als o-Oxyamyl-Δ^5-tetrahydrobenzoësäure an. Zur Aufklärung der Konstitution[1]) dieser beiden Verbindungen gab ihnen der Verlauf der Oxydation mit Permanganat wie der Verlauf der Reduktion den Schlüssel in die Hand. Durch letzteren Prozess haben sie auch den Zusammenhang beider Säuren bewiesen, indem beide, sowohl die Sedanon- wie die Sedanolsäure, bei der Reduktion mit metall. Natrium in äthylalkoholischer Lösung dieselbe o-Oxyamylhexahydrobenzoësäure lieferten, welche wollige feine Nadeln vom Schmp. 131° bildet, und die in gewisse Beziehung zu meiner o-Oxymethylhexahydrobenzoësäure gebracht werden kann.

Unter Zugrundelegung der von Cimician und Silber für die o-Oxyamylhexahydrobenzoësäure aufgestellten Formel, ist sie als ein Derivat der o-Oxymethylhexahydrobenzoësäure zu betrachten und unterscheidet sich bezüglich der Konstitution von letzterer nur dadurch, dass an Stelle eines H-Atoms der Oxymethylgruppe ein Butylrest getreten ist.

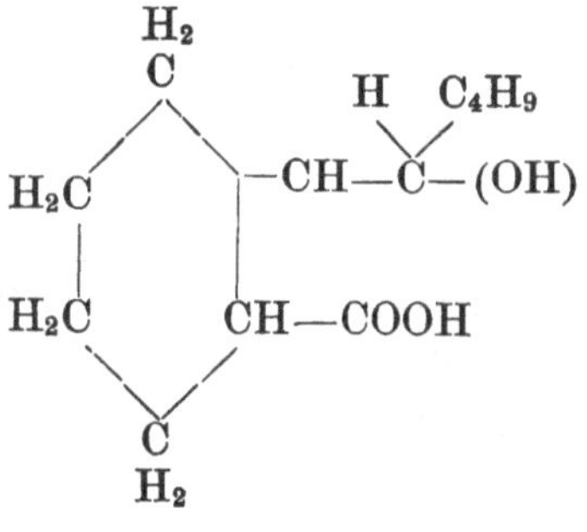

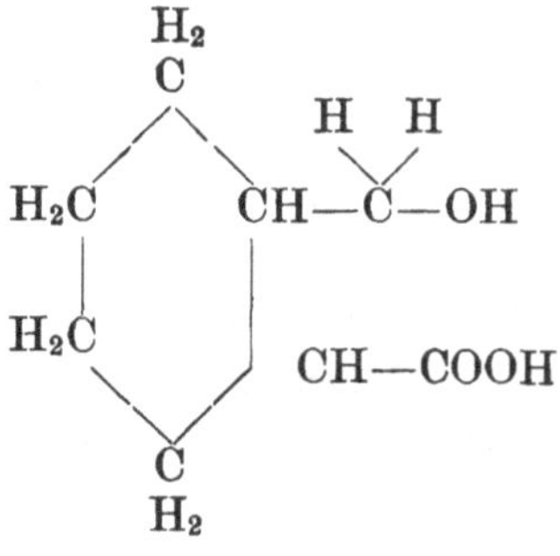

1) Ber. 30, 1423.

Die o-Oxyamylhexahydrobenzoësäure und die o-Oxymethylhexahydrobenzoësäure zeigen vielfach ein ähnliches Verhalten, welches sich in der leichten Anhydridbildung dokumentiert; die Lactone, welche in beiden Fällen entstehen, sind in kalter Sodalösung schwer, in Ätzalkalien unter Rückbildung der ursprünglichen Oxysäuren jedoch leicht löslich. Bei der Oxydation mit alkalischem Permanganat bilden beide Säuren dieselbe Hexahydrophtalsäure. Ausser der hydrierten Alkoholsäure entsteht bei der Hydrierung sowohl der o-Diäthylbenzylamincarbonsäure, wie auch des Phtalids durch die weitere Reduktion der Oxymethylgruppe zur Methylgruppe die Hexahydro-o-toluylsäure oder o-Methylnaphtencarbonsäure. Aus der Fraktion 236—242° krystallisierte nach längerem Stehen der grösste Teil der Säure in zusammenhängenden, breiten Nadeln aus, während ein sehr geringer Teil flüssig blieb. Derselbe dürfte wahrscheinlich die isomere Säure darstellen.

Die feste Hexahydro-o-toluylsäure wurde zuerst von Markownikoff und Sernoff[1]) durch Reduktion der o-Toluylsäure mittelst Natrium in amylalkoholischer Lösung gewonnen. Die flüssige ist von Freer und Perkin[2]) beschrieben worden und wurde durch Einwirkung von Methylpentamethylenbromid auf Natriummalonsäureester, Erhitzen der zunächst gebildeten Dicarbonsäure des Methylhexamethylens und Abspaltung von CO_2 erhalten.

Lässt man auf Hexahydro-o-oxymethylbenzoësäure gasförmige Salzsäure bei Gegenwart von Alkohol einwirken, so bildet sich ausserordentlich leicht der Hexahydro-o-chlormethylester.

Infolge Erwärmung verwandelt sich die hydrierte Alkoholsäure in ihr Lacton, auf welches Alkohol und Salzsäure in folgender Weise reagiert:

$$C_6H_{10}\left\langle\begin{matrix}CH_2\\CO\end{matrix}\right\rangle O + HCl + C_2H_5.OH = C_6H_{10}\left\langle\begin{matrix}CH_2Cl\\COOC_2H_5\end{matrix}\right. + H_2O.$$

Die Überführung der γ-Lactone mittels Alkohol und gasförmiger Salzsäure in die γ-Chlorester haben Bredt und Roser[3]) in einer Reihe von Fällen nachgewiesen; so hat z. B. Bredt aus dem Lacton der Isocapronsäure den γ-Chlorisocapronsäureester erhalten:

1) Journ. f. prakt. Chemie 49, 64.
2) Journ. chem. Soc. 1888, 209.
3) Ber. 19, 513. An. d. Chem. 220, 255.

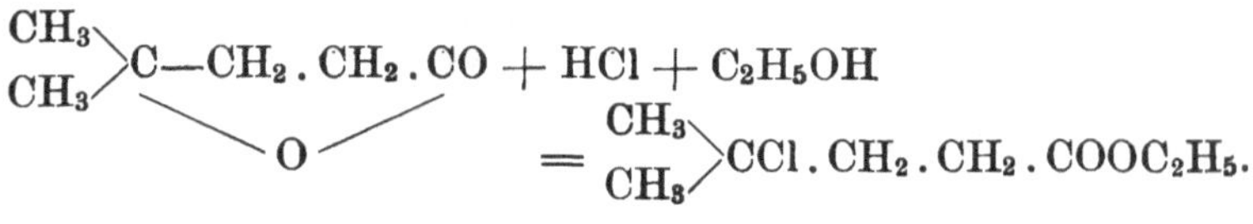

v. Baeyer erhielt[1]) aus dem Dihydrocarvonhydrobromid durch Abspaltung von BrH mittelst alkoholischem Kali das Caron, in welchem derselbe einen Trimethylenring nachgewiesen hat. Die Bildung desselben verläuft folgendermassen:

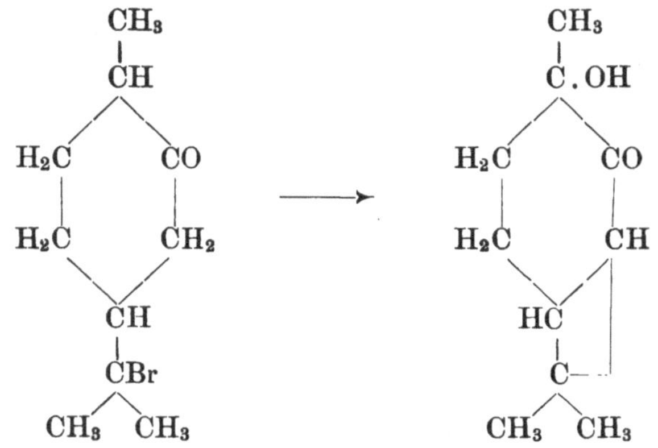

Dihydrocarvondihydrobromid — Caron.

Später haben dann v. Baeyer und Baumgärtl in analoger Weise aus dem Oxybromtetrahydrocarvon BrH mittels methylalkohol. Kali abgespalten und gelangten dadurch zu einem Oxycaron, gemäss folgender Gleichung:

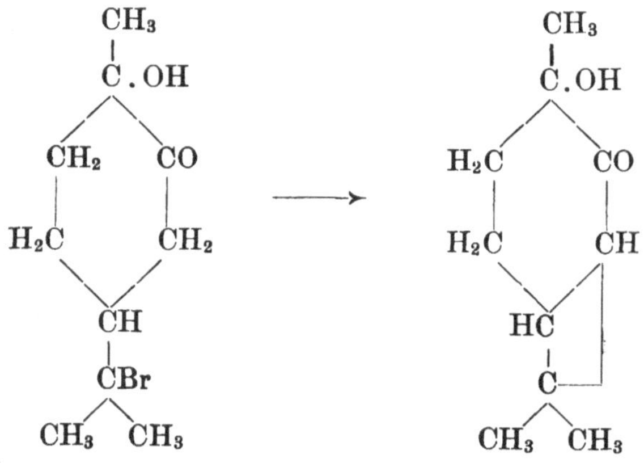

1) Ber. 27, 1915.

Auf Grund obiger Thatsachen schien es nicht unmöglich, bei der Einwirkung alkohol. Kalis auf den Hexahydro-o-chlormethylbenzoësäureester eine Abspaltung von HCl in dem Sinne zu bewerkstelligen, dass sich ein Trimethylenring hätte bilden können, also eine dem Caron ähnliche Verbindung, wie es die folgenden Formeln veranschaulichen:

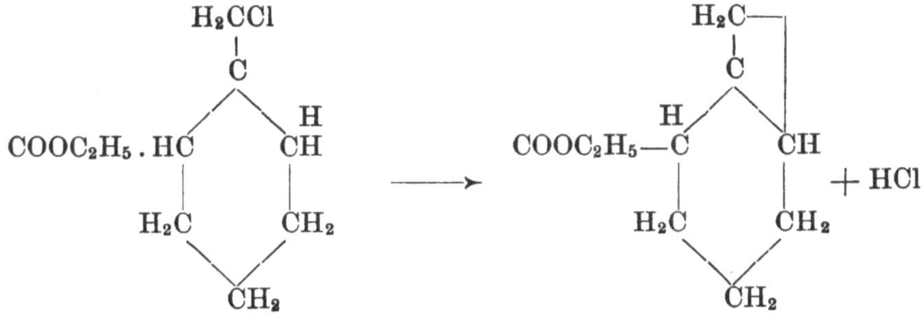

Die Einwirkung alkohol. Kalis führte jedoch leider nicht zu einem Trimethylenring, sondern sie bewirkte lediglich eine Verseifung des Chloresters, wobei die Oxysäure zurückgebildet wurde. Auch mittelst Chinolin, CaO und metall. Natrium liess sich der Chlorester nicht in dem gewünschten Sinne zur Reaktion bringen und ebenso vergeblich war es, aus dem Oxyester der Säure Wasser unter Bildung eines Trimethylenringes abzuspalten. Diese Misserfolge erklären sich ungezwungen dadurch, dass die Neigung zur Anhydridbildung in den besprochenen Fällen eine grössere ist, als zur Schliessung des Trimethylenringes.

Destilliert man den hydrierten Oxymethylbenzoësäureester mit Zinkchlorid, so erhält man, nachdem reichliche Entwicklung von CO_2 stattgefunden, ein zwischen 105—115° siedendes Destillat, welches aus einem Kohlenwasserstoff besteht, der gegen Permanganat und Soda unbeständig ist, Brom addiert und daher ungesättigt ist. Dieser Kohlenwasserstoff, von dem mir leider nur eine sehr geringe Menge zur Verfügung stand, so dass ich nicht in der Lage war, denselben durch systematische, fraktionierte Destillation gründlich zu reinigen, gab bei der Analyse die Werte:

Für C 86,31 % und 86,54 %, für H 12,75 % und 12,77 %, während Methylenpentahydrobenzol für

C 87,50 % und H 12,50 %

und Hexahydrotoluol für

C 85,71 % und H 14,28 %

verlangen.

Da das Hexahydrotoluol zwischen 97—99° siedet, gegen Permanganat beständig ist, so erscheint es wahrscheinlich, dass die vorliegende Verbindung nicht völlig reines Methylenpentahydrobenzol darstellt, da des niederen Siedepunktes wegen kaum angenommen werden kann, dass ein dicyclisches Kondensationsprodukt vorliegt, dessen Entstehung wohl nicht ausgeschlossen wäre.

Gegen das Auftreten eines dicyclischen Kohlenwasserstoffes bei der Einwirkung von $ZnCl_2$ auf den Oxyester spricht vor allem auch, dass ich die Bildung von Hexahydrotoluol beobachtete, als ich die Hexahydro-o-toluylsäure mit Zinkchlorid destillierte. Von diesem Kohlenwasserstoff stand mir soviel zur Verfügung, dass ich denselben durch mehrmaliges Fraktionieren vollständig reinigen konnte. Siedepunkt und sein sonstiges Verhalten stimmte dann vollständig mit dem Hexahydrotoluol überein.

Schliesst man aus der Bildung des Hexahydrotoluols aus der o-Hydrotoluylsäure auf die Bildung des Kohlenwasserstoffes aus dem Ester der Hydro-o-oxymethylbenzoësäure, so gewinnt die Auffassung des letzteren als Methylenpentahydrobenzol, welches im Sinne folgender Gleichung entstehen konnte:

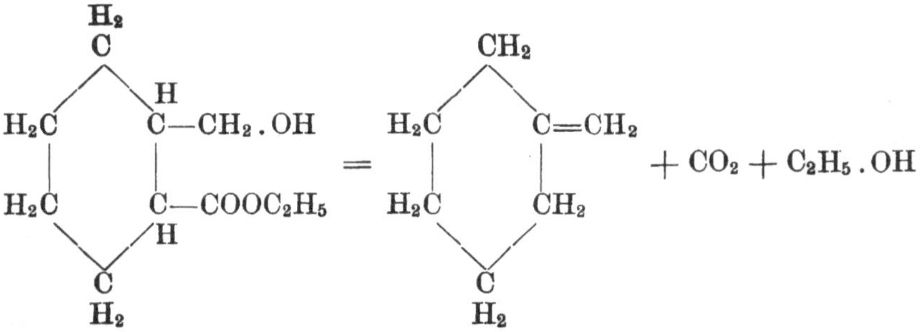

noch mehr an Wahrscheinlichkeit, wenn auch nicht geleugnet werden kann, dass ein sicherer Beweis für die richtige Interpretation der Konstitution des Kohlenwasserstoffes noch nicht geliefert werden konnte.

Experimenteller Teil.

I. Reduktion der o-Diäthylbenzylamincarbonsäure.

Als Ausgangsmaterial zur Herstellung von o-Diäthylbenzylamincarbonsäure diente mir das o-Chlormethylbenzylamid, welches Gabriel und Otto[1]) aus dem Tolunitril durch Chlorieren und Verseifen des o-Cyanbenzylchlorids mittelst Schwefelsäure dargestellt haben und habe ich ihren diesbezüglichen Angaben, die ich voll bestätigen kann, nichts hinzuzufügen.

o-Diäthylbenzylamincarbonsäureamid.

$$C_6H_4\begin{cases} CH_2-N(C_2H_5)_2 \\ CO.NH_2 \end{cases}$$

Wird o-Chlormethylbenzamid mit Salzsäure gekocht, um das Säureamid in die Säure überzuführen, so bildet sich Phtalid, indem Chlorwasserstoffsäure abgespaltet wird. Es war daher ratsam, das ausserordentlich leicht bewegliche Chloratom zuerst durch den Diäthylaminrest zu ersetzen und dann die Verseifung vorzunehmen.

Die Einführung des Diäthylaminrestes[2]) machte mir anfangs Schwierigkeiten und ich erhielt neben grösseren Mengen des gesuchten

1) Ber. 20, 2222 und 2234.

2) Die Farbwerke Höchst a. M. haben mir in liebenswürdiger Weise eine grössere Menge von rohem salzsauren Diäthylamin zur Verfügung gestellt. Ich habe daraus in folgender Weise die Base abgeschieden: Es wurde die konzentrierte, wässerige und filtrierte Lösung des rohen salzsauren Diäthylamins mit etwas mehr als der berechneten Menge Stangenkali unter Eiskühlung versetzt. Ist die Lösung zu konzentriert, so findet die Abscheidung der Base in Form einer öligen Schicht schwer statt und man hat mit etwas Wasser zu verdünnen. Das über der wässerigen, konzentrierten alkalischen Flüssigkeit befindliche Diäthylamin wird im Scheidetrichter abgehoben und mit Stangenkali so lange getrocknet, bis sich kein

Reaktionsproduktes zum grössten Teil Phtalid. Ich verfuhr anfangs so, dass ich das gechlorte Säureamid in der fünffachen Menge Methylalkohol löste, dazu $2^1/_2$ Mol. Diäthylamin gab und das Gemisch am Rückflusskühler $^1/_2$ Stunde lang zum Sieden erhitzte. Nach dem Abdestillieren der Hälfte des Alkohols schied sich dann eine ölige Schicht ab, welche mit Wasser krystallinisch erstarrte und o-Diäthylbenzylamincarbonsäureamid war, während aus der Mutterlauge Phtalid auskrystallisierte. Die Ausbeute an Diäthylbenzylamincarbonsäureamid betrug kaum 30 % der Theorie und wurde auch nicht erhöht, als ich umgekehrt verfuhr und das gechlorte Säureamid in die methylalkoholische Diäthylaminlösung eintrug. Jedenfalls konnte Diäthylamin in Verdünnung nicht rasch genug seinen Rest gegen Chlor eintauschen, um dadurch einer Salzsäureabspaltung zuvorzukommen. Fast quantitativ verläuft nun folgende Darstellungsweise, welche die Anwendung eines Verdünnungsmittels ausschliesst. Das gechlorte Säureamid wird in $2^1/_2$ Mol. Diäthylamin eingetragen und das Gemisch sich selbst überlassen. Nach einiger Zeit tritt starke Erwärmung ein, welche mit Eiswasser gemässigt wird. Gleich nachdem Lösung stattgefunden hat, scheidet sich sofort ein Krystallbrei ab, der sich auf Zusatz von Wasser noch vermehrt. Die Krystalle werden dann auf dem Filter gesammelt und durch Umkrystallisieren aus heissem Sprit gereinigt. Durch einmaliges Umkrystallisieren erhält man ein für die weitere Verarbeitung genügend reines Produkt. Aus dem ursprünglichen Filtrat kann das nicht in Reaktion gegangene Diäthylamin wieder zurückgewonnen werden.

o-Diäthylbenzylamincarbonsäureamid ist in Wasser unlöslich, leicht löslich in Alkohol, Äther, Essigäther. Aus Sprit krystallisiert es in flachen tetraëdr. Pyramiden vom Schmp. 117°.

Zum Zwecke der Analyse wurde die Verbindung mehrmals umkrystallisiert und über Schwefelsäure getrocknet.

0,1482 g Substanz gaben 0,3806 g CO_2 und 0,1210 g Wasser.

0,1240 g „ „ 15,5 ccm Stickstoff bei 12° und 700 mm Druck.

Berechnet für $C_{12}H_{18}N_2O$:		Gefunden:
C	69,90 %	70,04 %
H	8,74	9,06
N	13,59	13,65

Wasser mehr abscheidet. Die mehr oder weniger dunkelrotbraune Base wird alsdann der Destillation unterworfen, wobei sie bei 57° als farbloses Destillat übergeht.

Platindoppelsalz.

Aus der konzentrierten Lösung des Chlorhydrates des o-Diäthylbenzylamincarbonsäureamids fällt auf Zusatz von 10 % Platinchlorwasserstoffsäurelösung ein rotgelber, krystallinischer Niederschlag aus, der in viel heissem Alkohol und heissem Wasser löslich ist. Durch wiederholtes Umkrystallisieren aus heissem Wasser, das mit etwas Alkohol versetzt war, wurde derselbe gereinigt. Schmp. 201°.

0,1628 g Substanz gaben 0,0386 g Pt.

Berechnet für $(C_{12}H_{18}N_2O . HCl)_2PtCl_4$:	Gefunden:
Pt 23,63 %	23,71 %.

Golddoppelsalz.

0,3 g des Säureamids wurden in etwas salzsäurehaltigem Wasser gelöst und mit Goldchlorid versetzt, wobei das Doppelsalz sich sofort in gelben Krystallblättchen abscheidet, die in kaltem Alkohol und Wasser unlöslich sind; es wurde durch Umkrystallisieren aus heissem Wasser und etwas Alkohol in krystallwasserfreien, glänzenden, gelben Blättchen vom Schmp. 152° gewonnen.

0,1118 g Substanz gaben 0,0400 g Au.

Berechnet für $C_{12}H_{18}N_2O . HCl . AuCl_3$:	Gefunden:
Au 35,96 %	35,78 %.

o-Diäthylbenzylamincarbonsäure.

$$C_6H_4\left\langle\begin{matrix}CH_2-N(C_2H_5)_2\\COOH\end{matrix}\right.$$

10 g o-Diäthylbenzylamincarbonsäureamid wurden in 200 g konz. Salzsäure gelöst und ungefähr 4 Stunden unter Rückfluss zum Sieden erhitzt, bis eine herausgenommene Probe auf Zusatz von Natronlauge keine Trübung mehr gibt. Nun wird auf dem Wasserbade die Salzsäure zum grössten Teil verjagt und der Rückstand mit Natronlauge im Überschusse versetzt, von dem etwas dabei entstehenden braunen Niederschlage abfiltriert und so lange auf dem Wasserbade erwärmt, bis das Ammoniak vollständig ausgetrieben ist und sich an der Oberfläche eine bräunliche, ölige Schicht abscheidet. Diese erstarrt nach dem Erkalten zu einem Krystallkuchen von o-diäthylbenzylamincarbonsaurem Natrium, oder es scheidet sich, wenn die salzsaure Lösung genügend konzentriert war und der Zusatz von Natronlauge vorsichtig geschah, das Natriumsalz in Form eines Krystallbreies aus. Derselbe wird auf einer Nutsche abgesaugt und auf porösem Ton getrocknet, wobei zu bemerken ist, dass das Natriumsalz, welches sehr hygro-

skopisch ist, nicht allzulange auf dem Tonteller in feuchter Luft aufbewahrt werden darf.

Das Natriumsalz bildet weisse, lange Krystallnadeln von bitterem Geschmack, es ist sehr leicht in Wasser, Essigäther und Alkohol löslich und krystallisiert aus letzterem in zarten, glänzenden Krystallnadeln.

Um aus dem Natriumsalz die Säure zu gewinnen, wird dasselbe in Wasser gelöst, mit Salzsäure vorsichtig neutralisiert und stark eingedunstet. Das Hydrochlorat wird nun mit absolutem Alkohol extrahiert, vom Kochsalz abfiltriert und nach dem Abdunsten des Alkohols und Wiederlösen in etwas Wasser in der Kälte mit so viel frisch gefälltem, gut gewaschenem Silberoxyd versetzt, bis eine Probe des Filtrates mit Silberoxyd kein Silberchlorid mehr erkennen lässt. In die vom überschüssigen Silberoxyd und dem gebildeten Silberchlorid abfiltrierte Flüssigkeit wird Schwefelwasserstoff geleitet, vom Silbersulfid abfiltriert und das Filtrat zur Trockne eingedampft. Der Rückstand wird dann aus Aceton umkrystallisiert, aus welchem sich die Säure in kleinen, zu Büscheln vereinigten Nadeln vom Schmp. 105° abscheidet.

Dieselbe ist leicht löslich in Wasser und Alkohol. Weder das salzsaure, noch das brom- und jodwasserstoffsaure Salz konnten krystallinisch erhalten werden.

Analyse: 0,1939 g Substanz gaben 0,4946 g CO_2 und 0,1480 g H_2O.

Berechnet für $C_{12}H_{17}NO_2$:		Gefunden:
C	69,57 %	69,55 %
H	8,21	8,47

$$\text{Silbersalz } C_6H_4 \begin{cases} CH_2 . N(C_2H_5)_2 \\ COOAg \end{cases} . 3H_2O.$$

1 g der Säure wurde in wenig Wasser und etwas Ammoniak gelöst, dazu die berechnete Menge Silbernitrat gegeben und auf dem Wasserbade etwas eingedunstet. Nach dem Erkalten scheidet sich das Silbersalz in farblosen Säulen ab, die durch mehrmaliges Umkrystallisieren aus wenig heissem Wasser leicht rein erhalten werden. Das Salz ist dem Lichte gegenüber nicht sehr beständig und färbt sich bald dunkel.

Analyse: Behufs Bestimmung des Krystallwassers wurde die lufttrockne Substanz bei 100° mehrere Stunden bis zur Gewichtskonstanz getrocknet. Die Wasserbestimmung ergab:

0,1150 g Substanz verloren 0,0160 g Wasser.

Berechnet für $C_{12}H_{16}NO_2 . Ag + 3H_2O$: Gefunden:
H_2O 13,85 % 13,91 %.

0,1150 g lufttrockne Substanz gaben 0,0335 g Ag.

Berechnet für $C_{12}H_{16}NO_2 . Ag + 3H_2O$: Gefunden:
Ag 29,35 % 29,13 %.

0,1447 lufttrockne Substanz gaben 0,0610 g H_2O u. 0,2064 g CO_2.

Berechnet für $C_{12}H_{16}NO_2Ag + 3H_2O$: Gefunden:
C 39,13 % 38,90 %
H 4,35 4,68

Platindoppelsalz $\left(C_6H_4\left\langle\begin{matrix}CH_2 . N(C_2H_5)_2 . HCl\\COOH\end{matrix}\right.\right)_2 PtCl_4$.

Aus der konzentrierten Lösung des Hydrochlorates fällt das Salz auf Zusatz von Platinchlorwasserstoffsäure als ein orangegelbes Pulver aus, welches aus heissem, verdünntem Sprit in prismatischen, glänzenden Nadeln vom Schmp. 189° auskrystallisiert.

Analyse: 0,2024 g lufttrockenes Salz gaben 0,0478 g Pt.

Berechnet für $(C_{12}H_{17}NO_2 . HCl)_2PtCl_4$: Gefunden:
Pt 23,57 % 23,61 %.

Golddoppelsalz $C_6H_4\left\langle\begin{matrix}CH_2 . N(C_2H_5)_2\\COOH\end{matrix}\right. . HCl . AuCl_3$.

Dasselbe fällt auf Zusatz von Goldchlorid zur konzentrierten Lösung des salzsauren Salzes als gelbes Krystallpulver aus, welches aus heissem Wasser und etwas Alkohol umkrystallisiert wurde. Es bildet glänzende, gelbe, dicke Krystallnadeln vom Schmp. 199°.

Analyse: 0,1302 g über Schwefelsäure getrocknete Substanz gaben 0,0467 Au.

Berechnet für $C_{12}H_{17}NO_2 . HCl . AuCl_3$: Gefunden:
Au 35,89 % 35,86 %.

Pikrat $C_6H_4\left\langle\begin{matrix}CH_2{-}N(C_2H_5)_2\\COOH\end{matrix}\right. . C_6H_2\left\langle\begin{matrix}OH\\(NO_2)_3\end{matrix}\right.$.

Dieses Salz entsteht, wenn man eine wässerige Lösung von Pikrinsäure zu einer wässerigen Lösung der Säure gibt. Es ist in Wasser sehr schwer löslich und wurde aus heissem Sprit umkrystallisiert und bildet dann dünne, prismatische Nadeln vom Schmp. 128°.

Reduktion der o-Diäthylbenzylamincarbonsäure.

Wird die Reduktion dieser Säure mit Natriumamalgam in neutraler, wie in saurer Lösung bei gewöhnlicher Temperatur auszuführen versucht, so findet eine analoge Spaltung statt, wie sie P. Friedländer und M. Mosczyc[1]) bei der p-Diäthylbenzylamincarbonsäure beobachtet haben, indem Diäthylamin und o-Toluylsäure gebildet werden.

$$C_6H_4\left\langle\begin{matrix}CH_2-N(C_2H_5)_2\\COOH\end{matrix}\right. + 2H = C_6H_4\left\langle\begin{matrix}CH_3\\COOH\end{matrix}\right. + NH(C_2H_5)_2.$$

Die Reduktion mit Natrium in äthylalkoholischer Lösung führte ebenfalls nicht zum gewünschten Erfolge, und konnte die Säure bei diesem Prozess unverändert wieder gewonnen werden. Ich ging deshalb dazu über, die Reduktion mit Natrium in amylalkoholischer Lösung zu versuchen und gelangte dabei in der That schliesslich zum Ziel. Anfangs stellten sich der Ausführung des Reduktionsprozesses nicht unerhebliche Schwierigkeiten in den Weg und es war ein sehr genaues Ausprobieren der richtigen Reduktionsbedingungen erforderlich. Die Ausbeute an hydrierten Säuren ist, wie die Erfahrung lehrte, abhängig einerseits von der angewandten Menge metallischen Natriums und Amylalkohol, andrerseits aber auch von der Dauer der Reduktion und der Art und Weise selbst, wie die Reduktion ausgeführt wird. Wird zu wenig Natrium zur Reaktion verwendet, so bleibt ein Teil der Säure unangegriffen. Reduziert man aber zu lange und mit zu viel Natrium, so spaltet die zuvor gebildete Hexahydro-o-Diäthylbenzylamincarbonsäure Diäthylamin ab. Die Abspaltung liess sich selbst beim sorgfältigsten Arbeiten nicht umgehen und mag vielleicht ihren Grund in der Orthostellung des Substituenten haben; denn nach Mitteilungen des Herrn Papastavros, welcher die p-Diäthylbenzylamincarbonsäure auf die nämliche Weise reduziert hat, war bei diesem Prozess eine Abspaltung von Diäthylamin nicht nachweisbar. Bei der von mir ausgeführten Reduktion ist, wie ausdrücklich hervorgehoben sei, auf die tadellose Beschaffenheit des Amylalkohols besonders Rücksicht zu nehmen. Derselbe muss absolut frei sein von Pyridin und Pyrazinbasen.[2]) Ein grösserer oder kleinerer Gehalt an diesen Ver-

---

1) Ber. 28, 1140.

2) Ueber die Basen im Amylalkohol: Schrötter, Ber. 12, 1431; E. Bamberger und A. Einhorn, Ber. 30, 224.

unreinigungen verschmiert das eine der Reaktionsprodukte, nämlich die cis-Hexahydro-o-Diäthylbenzylamincarbonsäure leicht derartig, dass es geradezu unmöglich wird, dasselbe in reinem Zustande zu isolieren. Ich bediente mich bei meinen Reduktionen eines Amylalkohols, den ich von der Firma Kohlbaum, Berlin, bezog, und welcher in der Fabrik so häufig mit Salzsäure behandelt worden war, dass er fast gänzlich frei von basischen Verunreinigungen ist. Der nach der Reduktion wieder gewonnene Amylalkohol kann durch mehrmaliges Waschen mit schwefelsäurehaltigem Wasser und Destillation übrigens leicht wieder gereinigt werden. Die Reduktion wird wie folgt ausgeführt:

In einem $1^1/_2$-Literkolben, der einen gabelförmigen Aufsatz trägt, dessen schräges Rohr mit einem langen Rückflusskühler verbunden ist, während das aufrechtstehende Rohr, durch welches Natrium eingetragen wird, mit einem leicht zu entfernenden Tropftrichter montiert ist, erhitzt man 100 g Amylalkohol zum Sieden. Andrerseits löst man 6 g getrocknetes o-diäthylbenzylamincarbonsaures Natrium, welche 5 g der Säure entsprechen, in 300 g Amylalkohol. Ungefähr 30 ccm von dieser Lösung lässt man aus dem Tropftrichter zu dem siedenden Amylalkohol fliessen und fügt etwa 3 g in Stücke zerschnittenes Natrium hinzu. Ist das Natrium zum grössten Teil gelöst, so beginnt man von neuem mit dem abwechselnden Zusatz von Lösung und Natrium, bis 30 g Metall verbraucht sind, was 3—4 Stunden in Anspruch nimmt. Die Temperatur darf während der Reduktion nicht zu hoch steigen, jedoch muss die Flüssigkeit stets im schwachen Sieden erhalten bleiben. Nach vollendeter Reaktion lässt man auf 100^0 abkühlen und gibt etwa das gleiche Volumen Wasser hinzu. Die obere Schicht vom Amylalkohol wird nun abgehoben, mehrmals mit Wasser gewaschen und das Waschwasser mehrmals mit der Hauptmenge vereinigt. Die wässerige Flüssigkeit dampft man nun in einer Porzellanschale bis etwa zur Hälfte ein, lässt erkalten, äthert die alkalische Flüssigkeit zur Entfernung der letzten Reste von Amylalkohol aus und säuert mit Salzsäure an. Dabei scheidet sich ein braunes, unangenehm nach Fettsäuren riechendes Öl ab, auf welches ich später zurückkommen werde. Die Flüssigkeit wird nun zweimal mit Äther extrahiert und vollständig auf dem Wasserbade eingedunstet. Der Rückstand enthält Kochsalz und das salzsaure Salz der

Trans-Hexahydro-o-Diäthylbenzylamincarbonsäure

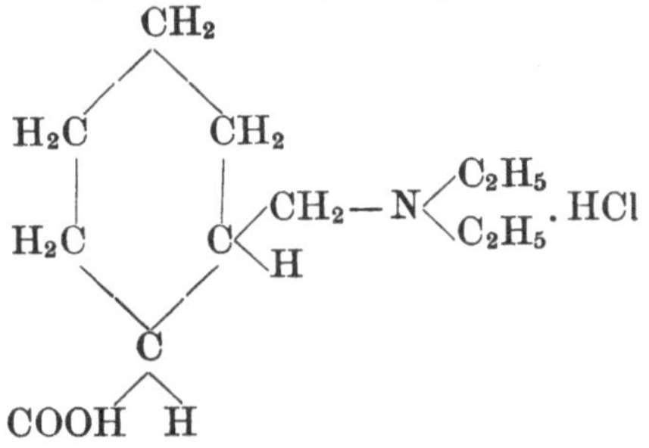

Das Hydrochlorat wird durch mehrmaliges Extrahieren mit absolutem Alkohol vom Kochsalz isoliert und die alkoholischen Extrakte werden eingedampft. Das salzsaure Salz, welches leider nicht zur Krystallisation gebracht werden konnte, führte ich analog wie bei der nicht hydrierten Verbindung durch Behandlung mit frisch gefälltem Silberoxyd und Fällung des Silbers mit Schwefelwasserstoff in die Säure über. Nach dem Eindunsten der vom Schwefelsilber abfiltrierten Lösung der Säure auf dem Wasserbade erstarrt letztere nach dem Erkalten zu einem Krystallkuchen. Durch Umkrystallisieren der trans-Hexahydro-o-Diäthylbenzylamincarbonsäure aus Essigäther oder Aceton wird sie in seidenglänzenden, reichen, zu Warzen vereinigten kleinen Nadeln erhalten, die bei 97° erweichen und bei 101° vollständig geschmolzen sind und beim Erkalten wieder erstarren. Beim Destillieren tritt Zersetzung ein unter Abspaltung von Diäthylamin. Die Säure ist leicht löslich in Wasser, Alkohol, Chloroform, Essigäther und Aceton. Zur Analyse wurde sie mehrmals aus Aceton umkrystallisiert und über Schwefelsäure getrocknet.

0,0986 g Substanz gaben 0,2436 g CO_2 und 0,0968 g H_2O.

0,1703 g „ „ bei 10°, 722 mm Druck 9,9 ccm N.

Berechnet für $C_{12}H_{23}O_2N$:		Gefunden:
C	67,60 %	67,39 %
H	10,79	10,90
N	6,57	6,60

Pikrat $C_6H_{10}\left\langle\begin{matrix} CH_2 . N\left\langle\begin{matrix} C_2H_5 \\ C_2H_5 \end{matrix}\right. \\ COOH \end{matrix}\right. . C_6H_2\left\langle\begin{matrix} OH \\ (NO_2)_3 \end{matrix}\right.$

Die Säure wird in einigen Tropfen Wasser gelöst und dazu wird konzentrierte Pikrinsäurelösung gegeben. Nach dem Eindunsten scheidet sich das Pikrat aus, welches aus Sprit in gelben, durchscheinenden Nadeln auskrystallisiert vom Schmp. 125°.

I. 0,1756 g der über Schwefelsäure getrockneten Verbindung lieferten 0,3156 g CO_2 und 0,0994 g H_2O.

II. 0,2234 g Substanz lieferten 0,4014 g CO_2 und 0,1242 g H_2O.

Berechnet für $C_{12}H_{23}O_2N . C_6H_2(NO_2)_3 . OH$:	Gefunden: I.	II.
C 48,87 %	49,02 %	49,00 %
H 5,88	6,28	6,17

Golddoppelsalz $C_6H_{10}\langle{}^{CH_2N(C_2H_5)_2}_{COOH} . HCl . AuCl_3$.

Wird die Säure in salzsäurehaltigem Wasser gelöst und mit Goldchloridlösung versetzt, so scheidet sich das goldchlorwasserstoffsaure Salz als dunkelgelbes Öl ab, welches langsam zu einem Krystallkuchen erstarrt. Durch mehrmaliges Umkrystallisieren aus verdünnter Salzsäure und Auswaschen der Krystallmasse mit kaltem Wasser wurde das Salz gereinigt. Es krystallisiert in hellgelben, mikroskopisch kleinen Säulchen vom Schmp. 128°, einige Grade vorher erweicht es.

0,1984 g Substanz gaben 0,0706 g Au.

Berechnet für $C_{12}H_{23}O_2N . HCl . AuCl_3$:	Gefunden:
Au 35,50 %	35,59 %.

Äthylester der trans-Hexahydro-o-Diäthylbenzylamincarbonsäure.

2 g der Säure werden in ca. 8 g absoluten Alkohol gelöst und in die alkoholische Lösung während 2 Stunden trockenes Salzsäuregas eingeleitet. Dabei erwärmt sich die Flüssigkeit und wird bei längerem Einleiten des Gases wieder auf die gewöhnliche Temperatur abgekühlt. Die mit Salzsäure gesättigte alkoholische Flüssigkeit wird, da sie immer etwas braun gefärbt ist, mit gut ausgeglühter Tierkohle aufgekocht und das Filtrat auf dem Wasserbade zur Entfernung des Alkohol eingedampft. Aus der wässerigen Lösung des salzsauren Äthylesters scheidet man nun mittels Sodalösung den freien Ester ab, den man durch mehrmaliges Extrahieren mit Äther der wässerigen Flüssigkeit entzieht. Die ätherischen Auszüge werden mit trockenem, schwefelsaurem Natrium vollständig getrocknet, der Äther abdestilliert und hierauf der Ester der Vakuumdestillation unterworfen, wo er unter 25 mm Druck bei 165° als eine farblose, ölige Flüssigkeit übergeht, welche einen charakteristischen Geruch nicht besitzt.

0,1970 g angewandte Substanz gaben 0,5006 g CO_2 und 0,1987 g H_2O.

Berechnet für $C_{14}H_{27}O_1N$:		Gefunden:
C	69,70 %	69,30 %
H	11,20	11,21

Das Golddoppelsalz

des Esters scheidet sich auf Zusatz von Goldchlorid zum salzsauren Ester in Form von Öltropfen ab, welche beim Reiben erstarren. Aus heissem Wasser krystallisiert das Salz in zarten, glänzenden, flachen Krystallnadeln, deren Schmelzpunkt bei 93° ist und die einige Grade vorher erweichen.

Versuch zur Anlagerung von Jodalkylen an die trans-Hexahydro-o-Diäthylbenzylamincarbonsäure und deren Ester.

Während die Anlagerung von Jodalkylen an tertiäre Amine im allgemeinen sehr leicht stattfindet, so ist mir die Erreichung dieses Zieles weder bei der Säure, noch bei ihrem Ester geglückt, selbst dann nicht, als ich $2^1/_2$ Mol. Jodmethyl oder Jodäthyl im Einschmelzrohr 24 Stunden lang auf die Säure resp. ihren Ester bei 100° einwirken liess. In allen Fällen schied sich eine rotbraune, syrupartige Flüssigkeit ab, die sich nach dem Verdunsten des Jodalkylüberschusses in Wasser löste und aus der sich mit Silberoxyd die unveränderte Säure resp. deren Ester regenerieren liess, so dass ich die syrupartige Masse als jodwasserstoffsaures Salz der Säure resp. des Esters ansprechen muss.

Hydrochlorat der cis-Hexahydro-o-Diäthylbenzylamincarbonsäure.

Der von der alkalisch wässerigen Flüssigkeit der Transsäure abgehobene Amylalkohol wird mehrmals mit salzsäurehaltigem Wasser gewaschen und die gesammelten Waschwässer bis zur Trockne auf dem Wasserbade eingedampft. Der Rückstand wird mit absolutem Alkohol aufgenommen, das schwach bräunlich gefärbte Filtrat mit Tierkohle behufs Entfärbung gekocht und bis zur beginnenden Krystallisation eingedunstet. Aus absolutem Alkohol, dem etwas Essigäther zugegeben wird, krystallisiert das salzsaure Salz in feinen, zarten, glänzenden Nadeln vom Schmp. 236—238°. Dasselbe ist sehr leicht löslich in Wasser und Alkohol, aber in den meisten übrigen Solventien unlöslich.

Das Salz wurde zur Analyse über Schwefelsäure getrocknet.

0,1624 g Substanz lieferten 0,1431 g H_2O und 0,3441 g CO_2.

0,1510 g „ „ 8,6 ccm N bei 16° und 712 mm Druck.

Berechnet für $C_{12}H_{23}O_2N.HCl$:	Gefunden:
C 57,84 %	57,77 %
H 9,24	9,79
N 5,62	6,21

Die Ausbeute an Hydrochlorat der cis-Verbindung ist eine sehr schwankende. Dauert die Reduktion länger als 3 Stunden und hat man bei höheren Temperaturen als 150° gearbeitet, so beträgt die Ausbeute bei 6 g angewandtem Natriumsalz der ursprünglichen Säure kaum 0,1—0,2. Dagegen findet eine Gewichtszunahme der bei der Reduktion auftretenden N freien Spaltungsprodukte bis zu 2 g statt. Die Ausbeute an trans-Säure beträgt bis zu 0,8 g im günstigsten Falle und ist ebenfalls eine schwankende. Es scheint mir wahrscheinlich, dass sich bei der Reduktion zuerst die trans-Hexahydro-o-diäthylbenzylamincarbonsäure bildet, und dass diese durch das Natriumamylat zum Teil in die cis-isomere Verbindung umgelagert wird, welche unter den obwaltenden Reaktionsbedingungen leicht Diäthylamin abspaltet. In der That ist es mir gelungen, durch mehrstündiges Kochen der trans-Säure mit Natriumamylat dieselbe zum Teil in die cis-Säure überzuführen.

cis-Hexahydro-o-Diäthylbenzylamincarbonsäure.

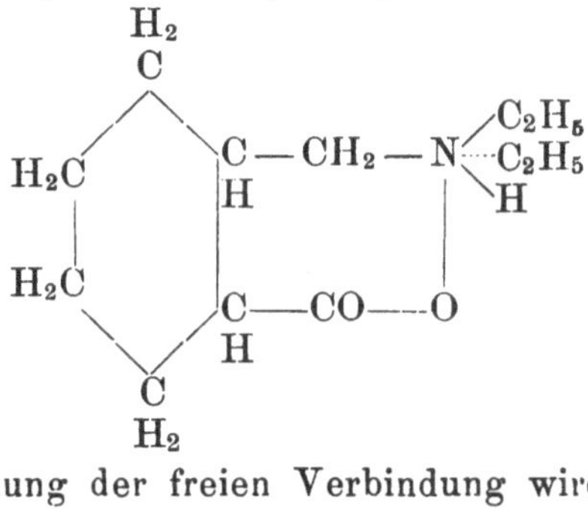

Zur Abscheidung der freien Verbindung wird die konzentrierte wässerige Lösung des Hydrochlorates mit festem Ätzkali behandelt, wobei sie sich als Öl abscheidet, das mit Äther extrahiert wird. Die ätherische Lösung wird dann mit Stangenkali getrocknet und der Äther bei niederer Temperatur auf dem Wasserbade eingedunstet. Es bleibt ein gelbbraunes, betäubend und zugleich basisch riechendes Öl zurück, welches sich nicht durch Destillation reinigen lässt, weil es sich hierbei leicht zersetzt.

Ich musste somit das Rohprodukt der Analyse unterziehen, wobei ich keineswegs zufriedenstellende Resultate erhielt, jedoch reichen dieselben in Anbetracht dessen, dass die Analyse des Hydrochlorates gut stimmende Werte ergab, immerhin aus, um behaupten zu können, dass in der That eine Hexahydro-o-Diäthylbenzylamincarbonsäure vorliegt.

0,2246 g Substanz gaben 0,5335 g CO_2 und 0,2053 g H_2O.

0,1529 g „ „ 9,1 ccm N bei 712 mm Druck und 16°.

Berechnet für $C_{12}H_{23}O_2N$:		Gefunden:
C	67,60 %	64,80 %
H	10,79	10,15
N	6,57	6,48

Leider stand mir nur sehr wenig von dieser sehr schwer zugänglichen Verbindung zur Verfügung, so dass ich auf weitere Versuche zur näheren Charakterisierung derselben habe verzichten müssen.

Das Golddoppelsalz

der cis-Säure krystallisiert aus wenig salzsäurehaltigem Wasser in kleinen Prismen vom Schmp. 190°.

Das Platindoppelsalz

der cis-Säure krystallisiert aus Wasser in spitzen Nadeln vom Schmp. 198°.

Bei meinen ersten Reduktionen, bei welchen ich mit einem als chemisch rein bezeichneten, aus der Technik stammenden Amylalkohol arbeitete, blieb nach dem Eindampfen des salzsauren, wässerigen Auszuges des Amylalkohols eine braune, schmierige Masse zurück, welche nach dem Behandeln mit Ätzkali und darauffolgender Destillation des abgeschiedenen Basengemisches im Vakuum bei 40 mm Druck bei 130° ein hellgelbes Destillat lieferte, welches in der Vorlage zu einer weichen, butterähnlichen Masse erstarrte und mit anderen hydrierten Basen verunreinigt war, deren Muttersubstanzen aus dem Amylalkohol stammten.

Das Destillationsprodukt lieferte mit konz. Pikrinsäurelösung Pikrate dieser verschiedenen Basen, von welchen sich besonders ein Pikrat leicht dadurch isolieren liess, weil es in siedendem Alkohol fast unlöslich war. Dieses in Wasser und Alkohol fast unlösliche Pikrat, das aus glänzend gelben Nadeln besteht, zersetzte sich bei höherer Temperatur und zeigte keinen scharfen Schmelzpunkt.

Die Analysen des Pikrates stimmten auf die Zusammensetzung

$$C_6H_{14}N_2 . \left(C_6H_2\left<{OH \atop (NO_2)_3}\right.\right)_2$$

I.	0,2171 g Substanz lieferten	0,3013 g CO_2	und 0,0714 g H_2O.	
II.	0,1670 g „ „	0,2343 g „	„ 0,0595 g „	
I.	0,1454 g „ „	26,2 ccm N bei 20° C. u. 720 mm Druck.		
II.	0,1336 g „ „	24,5 ccm „ „ 18° „ „ 714 mm „		

Berechnet für $C_6H_{14}N_2(C_{12}H_6O_{14}N_6)$:		Gefunden: I.	II.
C	37,76 %	37,85 %	38,26 %
H	3,49	3,65	3,96
N	19,58	19,50	19,86

Die Eigenschaften dieses Pikrates zeigen grosse Übereinstimmung mit dem Pikrate des 2,5-Dimethylpiperazins, welches Stöhr[1]) durch Reduktion des 2,5-Dimethylpyrazins erhalten hat. Herr Prof. Bamberger, Zürich, hatte zu gleicher Zeit, wie ich einer brieflichen Mittheilung an Herrn Prof. Einhorn entnehme, bei seiner Untersuchung der N haltigen Basen im Fuselöl neben anderen Pyrazinen auch das 2,5-Dimethylpyrazin aufgefunden[2]), dessen Hydrierungsprodukte das oben erwähnte Pikrat lieferte.

Über die sauerstofffreien Reaktionsprodukte, welche sich bei der Reduktion der o-Diäthylbenzylamincarbonsäure bilden.

Schon zuvor habe ich darauf hingewiesen, dass sich der alkalischen Lauge, welche beim Durchschütteln der amylalkoholischen Reduktionsflüssigkeit resultiert, nach dem Ansäuern mit Salzsäure, mit Äther eine ölige Extraktionsmasse entziehen lässt, in welcher ich

1. Hexahydro-o-Oxymethylbenzoësäure,
2. Hexahydrophtalsäure und
3. Hexahydro-o-Toluylsäure

nachgewiesen habe.

1. Hexahydro-o-Oxymethylbenzoësäure.

$$C_6H_{10}\left<{CH_2\ OH \atop COOH}\right.$$

Der rohe, ätherische Auszug, welcher eine bräunlichgelbe, ölige, höchst unangenehm nach höheren Fettsäuren riechende Flüssigkeit

1) Journ. für prakt. Chemie 47, 494.

2) Ber. 30, 224.

darstellt, scheidet nach mehrtägigem Stehen eine farblose Verbindung in rhombischen Krystallen ab, welche von dem flüssig gebliebenen Anteil abgesaugt und durch Abpressen auf dem Tonteller von der anhaftenden Mutterlauge befreit wird. Durch Umkrystallisieren aus wenig heissem Benzol erhält man die Verbindung in kleinen, prismatischen, sternförmig zu Büscheln angeordneten Nadeln, die bei 107° erweichen und bei 112° vollständig geschmolzen sind. Die Verbindung ist wenig löslich in kaltem Wasser, löslich in heissem Wasser, Äther, Aceton, Alkohol, heissem Benzol und Chloroform, in Soda löst sie sich auf und diese Lösung ist gegen Permanganat beständig, erst nach längerem Schütteln findet Entfärbung statt und liegt mithin eine perhydrierte Säure vor.

Die Analyse stimmte auf die empyrische Formel $C_8H_{14}O_3$.

0,1914 g der über Schwefelsäure getrockneten Substanz lieferten 0,4265 g CO_2 und 0,1563 g H_2O.

0,1270 g Substanz lieferten — g CO_2 und 0,1028 g H_2O.

Berechnet für $C_8H_{14}O_3$:		Gefunden: I.	II.
C	60,76 %	60,77 %	—
H	8,86	9,07	8,99 %

Natriumsalz. Die alkoholische Lösung der Hexahydro-o-oxymethylbenzoësäure wird vorsichtig mit verdünnter Natronlauge bis zur Neutralisation versetzt und langsam eingedunstet, wobei sich die Natriumverbindung in zarten, kleinen Nadeln ausscheidet, die leicht löslich sind in Wasser.

Bariumsalz. Die Säure wird mit Barytwasser versetzt, CO_2 in die Lösung eingeleitet und das Filtrat von Bariumcarbonat eingedunstet, wobei das Salz in zu kugeligen Aggregaten vereinigten Nadeln auskrystallisiert, die in Wasser sehr leicht löslich sind.

2. Hexahydrophtalsäure.

$$C_6H_{10}\left\langle\begin{array}{l}COOH\\COOH\end{array}\right.$$

Ausser der soeben besprochenen perhydrierten Alkoholsäure krystallisierte aus dem öligen Rohgrodukte eine weitere Verbindung aus, welche von ersterer durch Benzol getrennt werden kann.

Die Analyse stimmte auf eine Verbindung von der empirischen Formel $C_8H_{12}O_4$. Die Verbindung ist in kohlensauren Alkalien löslich und gegen Permanganat beständig. Als ich anfangs geringe Mengen der aus dem Öle abgeschiedenen Krystalle aus heissem Benzol umkrystallisierte, war mir dieses zweite Hydrierungsprodukt nicht in die Hände gefallen; erst als ich mit Mengen von 15 bis 16 g arbeitete, blieb im heissen Benzol eine Verbindung zurück, welche aus heissem Wasser in kleinen Krystallblättchen, aus Aceton in kleinen Nadeln vom Schmp. 215° resp. 220° krystallisiert und mit der fumaroiden Hexahydrophtalsäure von v. Baeyer, welche bei 215° sintert und bei 221° schmilzt, übereinstimmt.

0,1135 g Substanz gaben 0,2311 g CO_2 und 0,0748 g H_2O.

Berechnet für $C_8H_{12}O_4$:		Gefunden:
C	55,81 %	55,53 %
H	6,98	7,32

3. Hexahydro-o-toluylsäure.

$$C_6H_{10}\langle{}^{CH_3}_{COOH}$$

Habe ich unter 2. auf ein bei der Reduktion entstehendes Oxydationsprodukt der Hexahydro-o-oxymethylbenzoësäure hingedeutet, so möchte ich im Folgenden auf ein Reduktionsprodukt obiger Alkoholsäure hinweisen, welches aus dem öligen Produkte zu isolieren ebenfalls gelungen ist und dessen Bildung durch die Reduktion der $CH_2(OH)$-Gruppe zu CH_3 erklärt ist.

Wird die von den ausgeschiedenen Krystallen getrennte, ölartige Mutterlauge der Destillation bei gewöhnlichem Drucke unterworfen, so destilliert zwischen 160—175° Valeriansäure über. Das Thermometer steigt auf 235° und es destilliert zwischen 235—242° ein farbloses, unangenehm riechendes Öl über, in welchem sich eine hexahydrierte o-Toluylsäure zu erkennen gab.

I. 0,0899 g Substanz gaben 0,2222 g CO_2 und 0,0805 g H_2O.
II. 0,1882 g „ „ 0,4666 g „ „ 0,1690 g „

Berechnet für $C_8H_{14}O_2$:		Gefunden: I.	II.
C	67,60 %	67,42 %	67,62 %
H	9,86	9,94	9,98

Nach Verlauf mehrerer Wochen krystallisierten aus dem Destillationsprodukte bündelartig nebeneinander liegende, wasserhelle Nadeln aus, welche nach dem Umkrystallisieren aus Benzol bei 52° schmelzen, während ein geringer Teil selbst unter Anwendung einer Kältemischung nicht zur Krystallisation gebracht werden konnte. Es scheinen hier 2 Isomere vorzuliegen: die krystallisierende Hexahydro-o-toluylsäure Marcownikoff's[1]) vom Siedepunkt 241—242° und die flüssige Hexahydro-o-toluylsäure vom Siedepunkt 235—236°, welche Paul Freer und W. H. Perkin beschrieben haben[2]) und durch Einwirkung von Methylpentamethylendibromid auf Natriummalonsäureester darstellten.

II. Reduktion von Phtalid zu Hexahydro-o-Oxymethylbenzoësäure.

Die Hexahydro-o-Oxymethylbenzoësäure, welche ich als Nebenprodukt bei der Reduktion der o-Diäthylbenzylamincarbonsäure erhalten habe, lässt sich auch durch direkte Hydrierung der o-Oxymethylbenzoësäure gewinnen. Zur Darstellung derselben auf diesem Wege bediente ich mich als Ausgangsmaterial des Phtalids, welches beim Behandeln mit Ätzkali in die o-Oxymethylbenzoësäure übergeht und bequem nach der vortrefflichen Methode von Gräbe durch Reduktion von käuflichem Phtalimid zu Phtalidin und Überführung des letzteren durch Erwärmen mit Natronlauge in Phtalid beschafft werden kann. Das durch Destillation bei 337° gereinigte Produkt ist zur Hydrierung genügend rein und macht ein Umkrystallisieren aus Alkohol nicht mehr notwendig. Auch bei der Reduktion des Phtalids ist es von Wichtigkeit, auf ein richtiges Verhältnis von metallischem Natrium, Amylalkohol und Substanz Bedacht zu nehmen, da zu viel Natrium die Ausbeuten an hydrierter Alkoholsäure ausserordentlich verringert. Nach längerem Ausprobieren habe ich folgendes Verfahren als das geeignetste befunden:

In 150 g siedenden Amylalkohol trägt man von Zeit zu Zeit stückweise Natriummetall ein und lässt durch einen Tropftrichter nach jedesmaligem Natriumzusatz ca. 30 cm einer warmen Lösung von 10 g Phtalid in 200 g absolut reinen Amylalkohol zufliessen. An Natriummetall wendet man im ganzen 35 g an. Ist alles Natrium gelöst — die Reduktion dauert etwa 2—3 Stunden — so giesst man die Reaktionsmasse nach dem Abkühlen auf 100° in die gleiche Menge Wasser, den davon abgehobenen Amylalkohol wäscht man nochmals mit etwa der Hälfte Wasser aus und dunstet die alkalischen wässerigen Flüssigkeiten zur Hälfte ein; nach dem Erkalten äthert man zur vollständigen Entfernung des Amylalkohols aus, säuert unter Kühlung mit verdünnter Schwefelsäure an und vermeidet, dass sich

1) Journ. f. prakt. Chemie 49, 64.

2) Journ. chem. Soc. 1888, 209.

die Flüssigkeit erwärmt. Nach kurzem Stehen äthert man die saure, mit Öltropfen durchsetzte Flüssigkeit mehrmals aus und destilliert den Äther ab. Aus dem öligen, höchst unangenehm nach höheren Fettsäuren riechenden Rückstand scheiden sich nach mehrtägigem Stehen Krystalle von Hexahydro-o-Oxymethylbenzoësäure ab. Diese zeitraubende, unvollständige und sehr langsame Krystallabscheidung aus dem Gemisch der übrigen Hydrierungsprodukte suchte ich dadurch zu beschleunigen, dass ich zunächst die hydrierte Alkoholsäure von den übrigen Hydrierungsprodukten reinigte. Der Weg der fraktionierten Destillation, welcher allerdings der einfachste gewesen wäre, war hierbei ausgeschlossen wegen der nahe bei einander liegenden Siedepunkte der Hexahydro-o-toluylsäure und des durch Erhitzen aus der hydrierten Alkoholsäure gebildeten Hexahydrophtalids. Dagegen gab mir das verschiedene Verhalten des Hexahydrophtalids und der übrigen Hydrierungsprodukte gegen verdünnte Natriumcarbonatlösung, sowie die leichte Überführung des Hexahydrophtalids mit Natronlauge in das Natriumsalz der hydrierten Alkoholsäure eine bequeme Reinigungsmethode in die Hand. Darnach wird die Trennung folgendermassen vorgenommen:

Das nach dem Verdampfen des Äthers zurückbleibende Öl wird in einem Kolben mit weitem Halse auf dem Sandbade ca. 1 Stunde lang auf 150—160° erhitzt, wobei alle Hexahydro-o-Oxymethylbenzoësäure infolge Lactonbildung in das Hexahydrophtalid übergeht. Nach dem Erkalten schüttelt man mit so viel verdünnter Sodalösung aus, dass die Flüssigkeit alkalisch reagiert, wobei sich an der Oberfläche ein Öl ansammelt, welches in Äther aufgenommen wird. Nach dem Verdunsten des Lösungsmittels wird dieses Öl mit 30 % Natronlauge auf dem Wasserbade bis zur klaren Lösung erwärmt. Säuert man nun unter Vermeidung von Wärmeentwicklung mittelst verdünnter Schwefelsäure an, so scheidet sich die reine, hydrierte Alkoholsäure in Form eines Öles ab, welches man in Äther aufnimmt. Lässt man diesen bei gewöhnlicher Temperatur freiwillig verdunsten (das Abdestillieren auf dem Wasserbade ist nicht empfehlenswert, weil dabei leicht durch die Erwärmung Lactonbildung eintritt, welche die Krystallisation erschwert), so hinterbleibt ein krystallisationsfähiger, öliger Rückstand, der an einem kalten Orte nach Verlauf von 8—14 Tagen zu einem weichen Krystallkuchen erstarrt; die Krystalle trennt man hernach durch Absaugen von der anhaftenden Mutterlauge und krystallisiert sie mehrmals aus heissem Benzol um. Das abfiltrierte ölige Produkt, welches Hexahydrophtalid ist, das sich bei längerem Stehen gebildet hat, lässt sich leicht wieder mit Atznatronlösung in die Alkoholsäure zurückverwandeln.

Die auf diesem Wege gewonnene Hexahydro-o-Oxymethylbenzoësäure ist in Sodalösung ebenfalls gegen Permanganat beständig, indem erst nach längerem Stehen Entfärbung eintritt, sie schmilzt wie die auf dem anderen Wege erhaltene Säure bei 112°, erweicht jedoch schon bei 107° und zeigte die gleiche Löslichkeit den verschiedenen Solventien gegenüber wie diese.

0,1036 g Substanz lieferten 0,2310 g CO_2 und 0,0827 g H_2O.

Berechnet für $C_8H_{14}O_3$:		Gefunden:
C	60,76 %	60,81 %
H	8,86	8,87

Hexahydrophtalid.

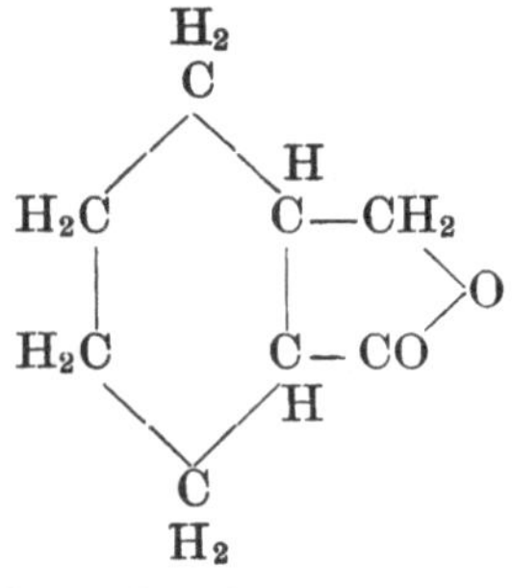

Wie aus dem vorhergehenden Abschnitt „Die Reduktion von Phtalid zu Hexahydro-o-oxymethylbenzoësäure“ zu ersehen ist, findet die Bildung eines Lactons aus der hydrierten Alkoholsäure leicht statt und hat die leicht vor sich gehende Anhydridbildung ihren Grund in der γ-Stellung des Hydroxyls zum Carboxyl. In einem Fraktionierkolben wurde reine Hexahydro-o-Oxymethylbenzoësäure 1/2 Stunde lang etwas über ihren Schmelzpunkt erwärmt. An dem Halse des Kolbens sammelten sich hierbei Wassertröpfchen an, welche zum Teil verdunsteten, zum Teil zurückfliessen. Wurde nun der Rückstand der Destillation im Vakuum bei 60 mm Druck unterworfen, so destillierte anfangs etwas Wasser über, das Thermometer stieg dann rasch auf 160° und zwischen 160—165° destillierte eine farblose, aromatisch riechende, brennend schmeckende, syrupartige Flüssigkeit über — das Lacton. Dasselbe ist in Wasser unlöslich, leicht löst es sich in den übrigen Solventien. In kalter Sodalösung ist das Hexahydrophtalid schwer löslich und geht erst nach längerem Stehen damit in das Natriumsalz der Oxysäure über, eine Reaktion, welche sich mit Natronlauge viel leichter vollzieht.

I. 0,2389 g Substanz gaben 0,6028 g CO_2 und 0,1969 g H_2O.
II. 0,2120 g „ „ 0,5349 g „ „ 0,1671 g „

Berechnet für	Gefunden:	
$C_8H_{12}O_2$:	I.	II.
C 68,57 %	68,46 %	68,81 %
H 8,57	8,91	8,75

Oxydation der Hexahydro-o-Oxymethylbenzoësäure mit Kaliumpermanganat.

Hexahydrophtalsäure.

$$C_6H_{10}\begin{matrix}\diagup COOH \\ \diagdown COOH\end{matrix}$$

2 g Hexahydro-o-Oxymethylbenzoësäure werden in ungefähr 200 g 20proc. Sodalösung gelöst und zu der auf dem Wasserbade erwärmten Flüssigkeit tropfenweise etwas mehr als die berechnete Menge einer konzentrierten Permanganatlösung zugegeben, bis keine Entfärbung mehr eintritt, was nach 3—4 Stunden der Fall ist. Das überschüssige Permanganat reduziert man hernach mit einigen Tropfen Alkohol und dunstet die vom Braunsteinniederschlag abfiltrierte Flüssigkeit auf ein Viertel ihres Volumens ein; neutralisiert man nun vorsichtig mit Salzsäure, so scheidet sich die Hexahydrophtalsäure in silberglänzenden Krystallblättchen ab, welche nach mehrmaligem Umkrystallisieren aus heissem Wasser den Schmp. 215° resp. 221° zeigten. Aus der Mutterlauge lässt sich durch Einengen noch etwas Hexahydrophtalsäure gewinnen. Aus heissem Wasser krystallisiert die Dicarbonsäure in sechsseitigen prismatischen Blättchen, aus Aceton in Nadeln. Die Ausbeute beträgt etwa 1,4 g.

Analyse:

I. 0,2274 g Substanz ergaben 0,4636 g CO_2 und 0,1466 g H_2O.
II. 0,2016 g „ „ 0,4137 g „ „ 0,1301 g „

Berechnet für	Gefunden:	
$C_8H_{12}O_4$:	I.	II.
C 55,81 %	55,60 %	55,96 %
H 6,98	7,16	7,11

Zur genaueren Identifizierung stellte ich noch das Anhydrid durch Kochen der Säure mit Acetylchlorid auf dem Wasserbade dar. Nach dem Verdunsten des überschüssigen Acetylchlorids wurde das

Anhydrid in Äther aufgenommen, aus welchem es in Nadeln vom Schmp. 140° auskrystallisiert.

Es liegt somit dieselbe Säure vor, welche A. v. Baeyer aus den Hydrobromiden der Dihydro- und der Tetrahydrophtalsäure durch Reduktion mit Natriumamalgam und durch Erhitzen von maleïnoider Hexahydrophtalsäure mit konz. HCl auf 180° erhalten hat.

Oxydation der Hexahydro-o-Oxymethylbenzoësäure mit Chromsäure.

Es liegt der Gedanke sehr nahe, durch Einwirkung eines geeigneten Oxydationsmittels die CH_2.OH-Gruppe der Hexahydro-o-Oxymethylbenzoësäure zur Aldehydgruppe zu oxydieren und die Säure so zu einer Hexahydroaldehydsäure überzuführen. Von den Oxydationsmitteln erschien erfahrungsgemäss zu diesem Zwecke die Chromsäure das geeignetste zu sein und brachte ich dieselbe daher in Eisessiglösung auf die Hexahydro-o-Oxymethylbenzoësäure zur Einwirkung.

3 g Hexahydro-o-Oxymethylbenzoësäure wurden in 30 g Eisessig gelöst und dazu tropfenweise unter beständiger Kühlung, welche jedoch nicht unter 10° herabgehen darf, eine Lösung der genau berechneten Menge Chromsäure in Eisessig gegeben. Nachdem das Oxydationsmittel vollständig eingetragen war und das Reaktionsgemisch eine grüne Färbung angenommen hatte, liess man noch 1–2 Stunden stehen, destillierte dann einen grossen Teil der Flüssigkeit auf dem Wasserbade ab und extrahierte die mit etwas Wasser verdünnte Eisessiglösung mehrmals mit Äther, aus welchem nach dem Verjagen desselben und nach dem Verdunsten der letzten adhärierenden Mengen Eisessig im Exsikkator ein Gemisch von Krystallen auskrystallisierte. Beim Behandeln desselben mit Essigäther bleibt eine in heissem Wasser lösliche Verbindung zurück, welche den Schmp. 210° resp. 220° zeigte und die fumaroide Hexahydrophtalsäure ist, während aus dem Essigäther die Hälfte der nicht zur Oxydation gelangten Hexahydro-o-Oxymethylbenzoësäure wiedergewonnen wurde.

Analyse der Hexahydrophtalsäure:

0,1201 g Substanz lieferten 0,2467 g CO_2 und 0,0790 g H_2O.

Berechnet für $C_8H_{12}O_4$:	Gefunden:
C 55,81 %	56,02 %
H 6,98	7,30

Es war somit die Oxydation der Hexahydro-o-Oxymethylbenzoësäure im wesentlichen weiter als bis zur Aldehydsäure gegangen, nebenbei scheint allerdings doch etwas von dieser gebildet worden zu sein, wenigstens gab eine Probe des ätherischen Extraktes mit ammoniakalischer Silberlösung einen deutlichen Silberspiegel, welcher möglicherweise aber auch auf eine Verunreinigung zurückzuführen sein mag, da mir die Isolierung nicht möglich war.

Anmerkung: Racine hatte durch Einwirkung von Brom auf Phtalid eine Verbindung $C_6H_4\langle{CHBr \atop CO}\rangle O$, ein α-Monobromphtalid erhalten, welches beim Behandeln mit Wasser glatt zur Aldehydsäure führte. Sollte auch bei dem Hexahydrophtalid die Möglichkeit vorhanden sein, ein Wasserstoffatom der Seitenkette durch Brom zu substituieren, so wären allerdings die Bedingungen gegeben, durch Einwirkung von Wasser gleichfalls zu einer Hexahydrophtalsäure zu gelangen.

Hexahydro-o-Oxymethylbenzoësäureester.

$$C_6H_{10}\langle{CH_2.OH \atop COO.CH_3}$$

Der Ester lässt sich durch Einleiten von HCl in die methylalkoholische Lösung der Säure nicht darstellen, weil dabei der Chlormethylhexahydrobenzoësäureester entsteht, wohl aber entsteht derselbe, wenn man als wasserentziehendes Mittel Schwefelsäure anwendet. 10 g der Säure werden in 30 g absolutem Methylalkohol gelöst und dazu unter Abkühlung 15 g konz. Schwefelsäure gegeben. Eine Erwärmung ist wegen der leichten Bildung von Lacton hierbei zu vermeiden. Zur Vollendung der Reaktion lässt man das Esterifizierungsgemisch ca. 48 Stunden stehen, trägt es dann in Eiswasser ein und schüttelt mit Äther aus. Die ätherische Lösung wird zur Befreiung von etwa vorhandener unveränderter Säure und Schwefelsäure mit verdünnter Sodalösung und mit Wasser gewaschen und sodann mit entwässertem Natriumsulfat getrocknet. Nach dem Verdunsten des Äthers wird der erhaltene Ester behufs Reinigung der Destillation im Vakuum unterworfen. Bei 18 mm Druck geht die Hauptmenge des Esters bei 155^0 als eine farblose, ölige Flüssigkeit von angenehmem, an Erdbeeren erinnnernden Geruch über.

Analyse:

0,1734 g Substanz lieferten 0,4010 g CO_2 und 0,1520 g H_2O.
0,1907 g „ „ 0,4402 g „ „ 0,1649 g „

Berechnet für $C_9H_{16}O_3$:		Gefunden: I.	II.
C	62,79 %	63,07 %	62,95 %
H	9,30	9,73	9,60

Hexahydro-o-Chlormethylbenzoësäureäthylester.

$$C_6H_{10}\begin{cases}CH_2Cl\\COOC_2H_5\end{cases}$$

5 g Hexahydro-o-Oxymethylbenzoësäure werden in 15 g absoluten Alkohol gelöst und in die alkoholische Lösung während 2—3 Stunden trocknes Salzsäuregas eingeleitet. Das Gemisch erwärmt sich anfangs sehr stark, kühlt sich nachher aber wieder von selbst ab. Das Esterifizierungsgemisch wird hierauf auf dem Wasserbade unter Rückfluss kurze Zeit gekocht, der Alkohol und die Salzsäure verjagt und der Rückstand auf Eis gegossen. Der als Öl sich abscheidende Ester wird alsdann mit Äther aufgenommen, mehrmals mit Wasser zur Entfernung der anhaftenden Salzsäure gewaschen und mit getrocknetem Natriumsulfat vom Wasser befreit. Nach dem Abdunsten des Äthers destilliert der Chlorester bei 15 mm Druck zwischen 145—147 ° über, die schwach gelbliche Färbung des Destillates mag von geringer Zersetzung herrühren. Der Ester besitzt einen brennenden, gewürzigen Geschmack und angenehmen Fruchtgeruch. Längeres Kochen mit Natronlauge verursacht Verseifung und Rückbildung der Oxysäure.

Bei der Cl bestimmung, nach Carius ausgeführt, lieferten 0,2527 g Substanz 0,1701 g AgCl.

Bei der Verbrennung, mit Bleichromat ausgeführt, lieferten 0,2103 g Substanz 0,4493 g CO_2 und 0,1616 g H_2O.

Berechnet für $C_{10}H_{17}ClO_2$:		Gefunden:
C	58,68 %	58,27 %
H	8,31	8,53
Cl	17,35	16,70

Versuche zur Bildung eines Hexamethylentrimethylen-Doppelringsystems aus dem Chlormethylhexahydrobenzoësäureester und aus dem o-Oxymethylhexahydrobenzoësäureester.

v. Baeyer hat, wie ich bereits in der Einleitung erwähnt habe, durch Abspaltung von BrH mit alkohol. Kali aus dem Dihydrocarvonhydrobromid das Caron dargestellt und v. Baeyer und Baumgärtl haben aus dem Oxybromtetrahydrocarvon mit demselben Spaltungsmittel das Oxycaron erhalten.

Ich versuchte nun in ähnlicher Weise auf den Chlormethylhexahydrobenzoësäureester alkoholisches Kali einwirken zu lassen, um durch HCl abspaltung ebenfalls zu einem Trimethylenring zu gelangen, erhielt aber statt dessen die Hexahydro-o-Oxymethylbenzoësäure zurückgebildet, indem Verseifung des Esters und Austausch des Cl atoms gegen OH stattfand.

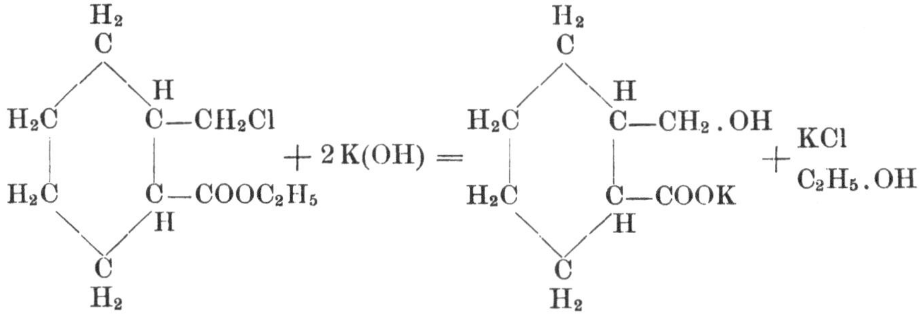

Die weiter ausgeführten Versuche einer Trimethylenringbildung mit Chinolin, welches v. Baeyer zur Abspaltung von BrH verwendet hat, gelegentlich der Überführung von Dibromhexamethylen in Dihydrobenzol, dann ferner mit Ätzkalk und metall. Natrium führten ebensowenig zu einem Resultate wie die Versuche, aus dem hydrierten Oxyester durch Wasserabspaltuug einen Trimethylenring zu schliessen.

Die Einwirkung von saurem Kaliumsulfat auf den Oxyester führte zur Verseifung und Entstehung des Anhydrids aus der zurückgebildeten Oxysäure.

Nachdem alle diese Versuche resultatlos verlaufen waren, führte ich noch die Destillation des Oxyesters über $ZnCl_2$ aus. Dabei gelangte ich unter Alkohol-, CO_2- und Wasserabspaltung zu einem hydroaromatischen Kohlenwasserstoff, der alkalisches Permanganat und Brom entfärbt und somit ungesättigt ist und keinen Trimethylenring enthält.

a) Reaktionen mit dem Chlorester.

1. 3 g Chlorester wurden unter Kühlung mit 10 g einer Lösung von Kali in Äthylalkohol versetzt und das Gemisch einige Stunden sich selbst überlassen. Hierauf wurde vorsichtig unter Vermeidung von Erwärmung mit verdünnter Schwefelsäure angesäuert, die saure Flüssigkeit dann ausgeäthert und das Extrakt bei gewöhnlicher Temperatur eingedunstet, wobei Hexahydro-o-Oxymethylbenzoësäure auskrystallisierte.

2. Bei der Einwirkung von Chinolin auf den Chlorester blieb derselbe selbst nach mehrstündigem Kochen unangegriffen und konnte nach dem Eingiessen in verdünnte Schwefelsäure unverändert wieder zurückgewonnen werden.

3. Werden 2 g Chlorester mit 2 g feuchtem Calciumoxyd am Rückflusskühler einige Zeit zum Sieden erhitzt und wird nach dem Erkalten des Gemisches dieses ausgeäthert, so bleiben nach dem Verdunsten des Äthers Lacton und etwas Chlorester zurück.

b) Reaktionen mit dem hydrierten Oxyester.

1. 2 g Oxyester wurden in einem Destillierkolben mit 1 g gepulvertem, saurem Kaliumsulfat erwärmt. Hierauf wurde das Reaktionsgemisch ausgeäthert und nachdem der Äther abdestilliert worden war, blieb ein gelbbraun gefärbtes Öl zurück, welches als hydriertes Phtalid identifiziert wurde.

2. 10 g Hexahydro-Oxyester werden in einem Fraktionierkolben mit 3 g trocknem, reinem Zinkchlorid anfangs gelinde erwärmt. Dabei findet ein starkes Aufschäumen und reichliche Entwicklung von CO_2 statt und die Schmelzmasse färbt sich dunkelbraun. Sobald die CO_2-Entwicklung nachgelassen hat, erwärmt man stärker und fängt die Destillationsprodukte bis zu 130° auf. Oberhalb dieser Temperatur tritt starke Zersetzung ein unter Entwicklung gelber Dämpfe und es bleibt eine braunschwarze, zähe Masse zurück, deren ätherischer Auszug ein unerfreuliches, schwarzes, asphaltartig riechendes Residuum hinterlässt. Das bis zu 130° übergehende Destillat, welches sich in zwei Schichten trennte und HCl enthält, wird mit Äther ausgeschüttelt und nach dem Waschen mit verdünnter Sodalösung und Wasser über wasserfreiem Natriumsulfat getrocknet und fraktioniert destilliert, wobei zwei Fraktionen erhalten wurden, von welchen die eine von 105—115°, die andere von 115—125° siedete.

Die Fraktion 105—115° ergab 0,7 g eines leicht beweglichen, farblosen, das Licht stark brechenden, flüssigen Kohlenwasserstoffes von eigenthümlichem, an Petroläther erinnernden, schwach stechenden Geruch. Der Kohlenwasserstoff entfärbt alkalische Permanganatlösung sofort und entrötet Brom augenblicklich.

Die Analyse des Kohlenwasserstoffes aus der Fraktion 105—115° lieferte die folgenden Werte:

I. 0,2072 g Substanz gaben 0,2380 g H_2O und 0,6560 g CO_2.

II. 0,2580 g „ „ 0,2966 g „ „ 0,8186 g „

Berechnet für C_7H_{12}:		Gefunden: I.	II.
C	87,50 %	86,31 %	86,54 %
H	12,50	12,75	12,77

Die Analysen der Fraktion 115—125° ergaben Werte, welche anzeigten, dass in ihr eine auch nur annähernd reine Verbindung nicht enthalten ist.

Im Anschlusse an die Destillation des o-Oxymethylbenzoësäureesters über $ZnCl_2$ war es von Interesse, auch die Hexahydro-o-Toluylsäure dem gleichen Prozesse zu unterwerfen. Dabei wurde ein Kohlenwasserstoff erhalten, von dem mir eine grössere Menge zu Gebote stand, so dass ich ihn gründlich reinigen konnte, wobei ich durch mehrmalige Fraktionierung ein reines Destillationsprodukt erhielt, welches sich in allen seinen Eigenschaften als Hexahydrotoluol zu erkennen gab, sich gegen Permanganat beständig zeigte und durch Salpeterschwefelsäure in der Kälte nicht verändert wurde.

Die Einwirkung von Zinkchlorid auf die Hexahydro-o-Toluylsäure, welche bei der Reduktion von Phtalid als Nebenprodukt gewonnen worden war, wurde genau so wie die Destillation des hydrierten Oxyesters über $ZnCl_2$ ausgeführt.

In einem Destillierkolben werden 10 g Hexahydro-o-Toluylsäure mit 3 g $ZnCl_2$ erhitzt, nach beendigter CO_2-Entwicklung beginnt man mit der Destillation. Die bis 130° übergehenden Destillationsprodukte werden gesammelt, und da sie mit der von der Zersetzung des $ZnCl_2$ herstammenden Salzsäure verunreinigt sind, so werden sie mit Äther aufgenommen und in dieser Lösung mit verdünnter Sodalösung und Wasser gewaschen und schliesslich über wasserfreiem Natriumsulfat getrocknet. Nach dem Abdestillieren des Äthers wurde der hinterbleibende Kohlenwasserstoff mehrmals der fraktionierten Destillation unterworfen und die Fraktion 97—99° analysiert.

0,1338 g Substanz lieferten 0,4194 g CO_2 und 0,1696 g H_2O.

Berechnet für C_7H_{14}:		Gefunden:
C	85,71 %	85,49 %
H	14,28	14,09

Da mir noch ca. 6—7 g Hexahydro-o-Toluylsäure vom vorhergehenden Versuche übrig geblieben waren und der Ester der Toluylsäure leicht zugänglich ist, so habe ich zum Schlusse nicht unterlassen, auch diesen der Destillation mit $ZnCl_2$ zu unterwerfen.

Auf 6 g Hexahydrotoluylsäuremethylester vom Siedep. 187—189° wurden in derselben Weise wie in den beiden vorhergehenden Versuchen

2 g $ZnCl_2$ zur Einwirkung gebracht. Die bis 130° übergehenden Destillationsprodukte wurden gesammelt, mit Äther aufgenommen und nach dem Reinigen fraktioniert; das Thermometer stieg, nachdem der Äther überdestilliert war, rasch auf 117° und von 117—120° wurde eine Fraktion erhalten, deren Analyse folgende Werte ergab und deren Zusammensetzung auf eine Verbindung von der allgemeinen Formel C_nH_{2n} schliessen lässt.

0,2290 g Substanz gaben 0,7184 g CO_2 und 0,2984 g H_2O.

Berechnet für C_nH_{2n}:		Gefunden:
C	85,71 %	85,58 %
H	14,29	14,48

Die anfänglich von diesem Kohlenwasserstoff verursachte schwache Entfärbung einiger Tropfen einer verd. alkalischen Permanganatlösung, welche auf weiteren Zusatz eines Tropfens derselben nicht mehr erfolgte, möchte ich einer geringen Verunreinigung zuschreiben, da wohl nicht angenommen werden kann, dass bei der Einwirkung von Zinkchlorid auf den Ester der Hexahydro-o-Toluylsäure ein ungesättigter Kohlenwasserstoff entsteht, während die Hexahydro-o-Tolylsäure unter denselben Bedingungen einen gesättigten Kohlenwasserstoff lieferte.

Es lässt sich allerdings sehr schwer sagen, ob in diesem Falle ein Hexahydroxylol vorliegt oder nicht (Hexahydrotoluol ist des hohen Siedepunktes wegen ausgeschlossen). Die Analyse gibt keine sicheren Aufschlüsse über die Konstitution dieses Kohlenwasserstoffes, da die gefundenen Werte ebenso gut für das Hexahydrotoluol oder dessen Kondensationsprodukt stimmen können, die alle in ihrer prozentischen Zusammensetzung übereinstimmen. Die einzige Möglichkeit, solche cyclische Kohlenwasserstoffe genauer zu fixieren, wäre die Bestimmung des spezifischen Gewichtes derselben, was mir aber infolge der ausserordentlich geringen Menge dieser auf dem beschriebenen Wege sehr schwer zugänglichen Kohlenwasserstoffe versagt bleiben musste.

Auffallend musste es erscheinen, dass bei den drei Versuchen, wo Zinkchlorid zur Einwirkung gelangte, eine im Verhältnis zur angewandten Menge Ausgangsmaterials so geringe Ausbeute von reinen Kohlenwasserstoffen erhalten wurde. Der Grund hierfür liegt wohl in der überwiegenden Bildung von Polymerisationsprodukten, welche unter dem Einflusse des Zinkchlorids entstanden sind. Werden die nach der Destillation der niedersiedenden Kohlenwasserstoffe verbleibenden Rückstände ausgeäthert und die ätherischen Lösungen verdunstet, so hinterbleiben dunkel gefärbte, schmierige Massen, welche zwischen 280—300° ein gelbliches Destillat liefern, sich bei 300° vollständig zersetzen und mit stark russender, leuchtender Flamme brennen.

Kolibri 360 GmbH
Ferdinand-Jühlke-Straße 7
99095 Erfurt, Deutschland
produktsicherheit@kolibri360.de